巧手妈妈爱机缝
女孩子的四季舒适衣

〔日〕美浓羽真由美 著 杨 燕 译

河南科学技术出版社
郑州·

[目录]

做一件可百搭的连衣裙吧

在周末或平时逛街的时候，连衣裙是最让人心动的着装。不仅可以搭配马甲或外套，
也可搭配衬裙或打底裤，
还可搭配胸针、帽子、项链、包包等。
在穿衣搭配上花费心思，也是女孩子的一大乐趣吧。
为了更好地搭配，每一款连衣裙都采用了简单大方的设计款式。

落肩袖连衣裙

带领结的连衣裙

长打底裤

后系扣宽松连衣裙

衬裙

开襟暗扣连衣裙

七分打底裤

复古娃娃领连衣裙

休闲连衣裙

［落肩袖连衣裙］

这是一款高腰的、款式简洁的连衣裙。微微的落肩、利落的袖子和恰到好处的裙皱是这款裙子的亮点。优质的布料能提升款式的设计感，因此这款连衣裙宜使用品质好的亚麻布或印花布。

HOW TO MAKE　P.36（附图教程）

实物大纸型 A 面【1】80cm

［带领结的连衣裙］
［长打底裤］

打着领结的小女孩是多么的娇俏可爱呀，而我对于这款连衣裙的
设计理念就是在这样的想象中产生的。将长长的蝴蝶结领带简单
地打个结垂在小女孩的胸口就行。长打底裤的前后裤片是连在一
起的，制作方法非常简单。

HOW TO MAKE　P.44（带领结的连衣裙）、P.46（长打底裤）

实物大纸型 C 面【14】带领结的连衣裙
　　　　　　B 面【6】长打底裤

[后系扣宽松连衣裙]
[衬裙]

这是我从FU-KO basics初期开始一直坚持制作的连衣裙款式。随意的褶皱和立体感的口袋设计让裙子更显可爱。同时为了耐脏耐洗,我们特意选择制作的结实耐穿,使其成为孩子们玩耍时的最佳着装。衬裙的制作可采用直线裁剪。

HOW TO MAKE　P.48〔后系扣宽松连衣裙〕、P.68〔衬裙〕

实物大纸型B面【5】后系扣宽松连衣裙 80cm

[开襟暗扣连衣裙]
[七分打底裤]

这是一款开襟暗扣，袖口加折袖，稍显中性
风格的连衣裙。它不仅可以像外套一样敞开
穿，也可以像衬衫一样将下摆塞进下装内。
打底裤如果使用稍厚的罗纹布料来制作也
可以当外裤穿。

HOW TO MAKE   P.50（开襟暗扣连衣裙）、P.46（七分打底裤）

实物大纸型 C面【13】开襟暗扣连衣裙
          B面【7】七分打底裤

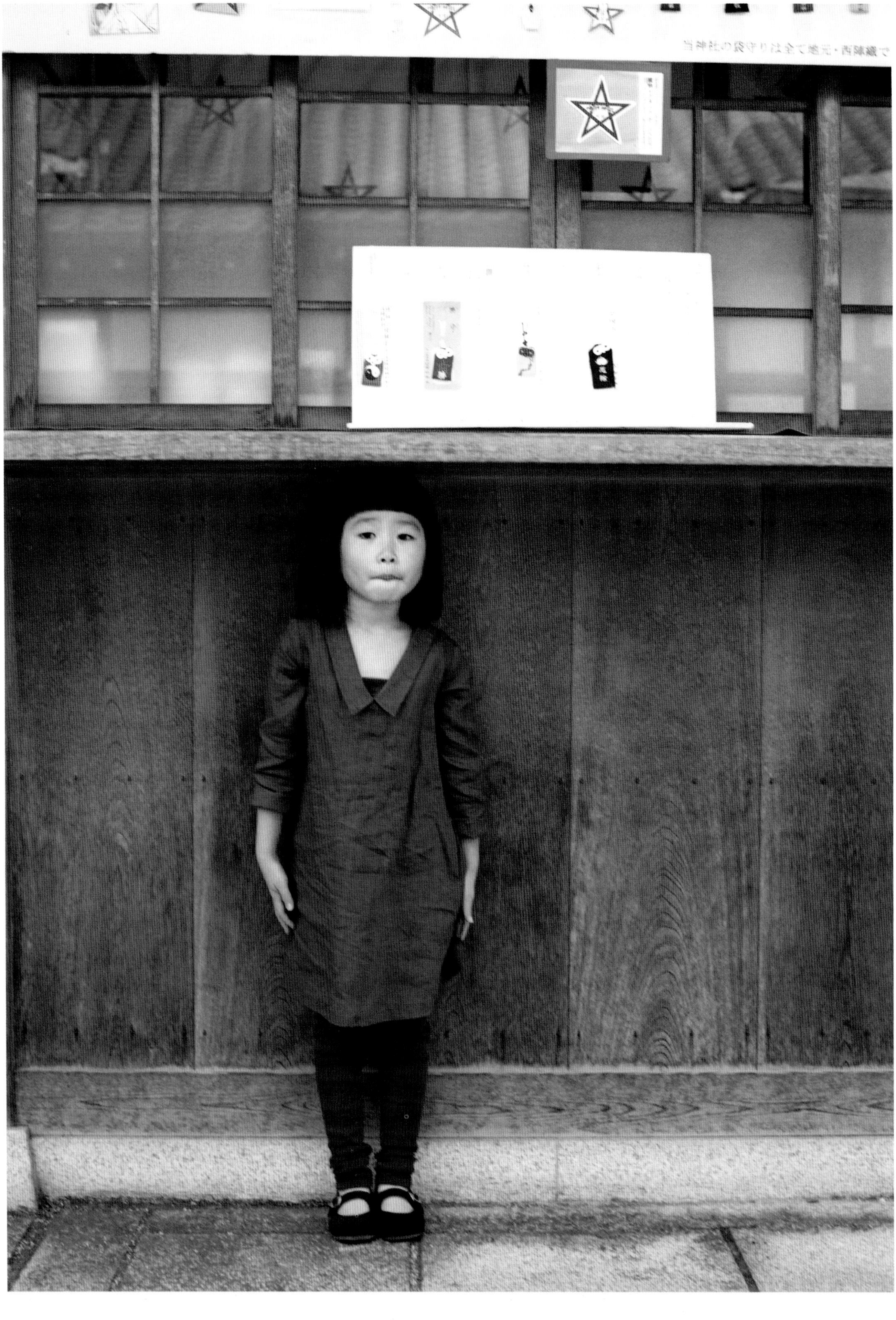
当神社の袋守りは全て地元・西陣織で

［复古娃娃领连衣裙］

V 字领口配上小小的娃娃领，使连衣裙增添了浓郁的复古味道。包缝的袖口设计，即使卷起袖子也很好看。同时背面插入式的口袋设计，使裙子从后面看起来又多了一分俏皮可爱。

HOW TO MAKE　P.52

实物大纸型 A 面【2】

右边 110cm，左边 100cm。2 件款式相同的衣服，呈现出不同的可爱感觉，这就是儿童服装的魅力所在。

【 休闲连衣裙 】

这是一款休闲风格的连衣裙。随意、宽松的蝙蝠袖，加上后面下垂的圆弧下摆，是它的特点。腰部可用橡皮筋抽褶，当然不抽也行，两种选择会有不一样的轮廓感。

HOW TO MAKE　P.54

实物大纸型 D 面【17】

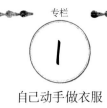

自己动手做衣服

做衣服的难忘回忆

　　FU-KO basics 的设计主题是"难忘的美衣"。随着孩子长大，那些不能再穿的衣服放在手边，每次看到都能唤起当时的记忆，我一直都是带着这样的想法来做衣服的。

　　其实，结婚前还不太会使用缝纫机。现在已经 6 岁的大女儿（昵称是江）给了我改变的契机。江小时候食量小，长得很瘦弱，在市面上很难买到合身的衣服，穿什么感觉都像是睡衣。"既然没有合适的，那不如自己做吧"，这种想法给了我亲手做衣服的机会。第一次做的是一件很合身的连衣裙。完成的虽然不是那么完美，但只需要一点布料就能很简单地做成一件衣服，这一点让我记忆深刻。穿着我做的衣服，江很高兴，口齿不清地说"喜欢"的样子，对于当时为育儿而苦恼、心情郁闷的我来说，是多么大的鼓舞啊。从那之后我开始努力地学习，做了很多衣服。有第一次旅行时穿的罩衫、作为生日礼物的连衣裙、运动会穿的针织衫、摘草莓时穿的紧身衣、母女同款的小裙子，等等。随着回忆的增多，亲手做的衣服也越来越多，一件一件都是我的宝物。如果能像我的经历一样，通过做衣服，让更多的母亲和女孩子展露出笑容，那将是一件无比高兴的事。

江两岁时的照片

为了小宝贝

　　我给江做第一件衣服的时候，她刚好长到80cm高。从那个时候我开始做的"落肩袖连衣裙""后系扣宽松连衣裙""灯笼裤"，都在本书中有介绍，并且都是从80cm开始的。我认为小孩子不用化妆，也不用任何配饰，她本身的样子最可爱，所以我在做衣服时一直注重"简洁、自然"的原则。而且，我尽量选用好的布料，在设计上也注意凸显布料的优点。小孩子的衣服，触感、穿着感很重要。为了不浪费好的布料，在款式的制作上也非常下功夫。

　　如果不能确定尺寸，请量一下孩子的肩宽。与衣服的纸型比照，袖窿线不能宽出肩部。尺寸正好的话，衣服线条流畅，穿着的感觉会很好。

P.5的落肩袖连衣裙

P.9的后系扣宽松连衣裙
P.27的灯笼裤

※两岁三个月 身高86cm 尺寸80cm

享受服装搭配的快乐
上装和下装

这些是我们每天都可以随意搭配的基本款式。只需做一件，当然也可以全部都做出来，这样我们每天的搭配范围会更广，现在我给你们介绍一些可以使自己迅速时髦起来的款式吧，让大家都成为一个服装搭配的时尚达人。

无袖罩衫

船形领 T 恤

法式褶皱罩衫

背带裤

休闲西裤

休闲西裤（外折边）

交领罩衫

长袖T恤

泡泡袖T恤

百褶裙

灯笼裤

[无袖罩衫]

[背带裤]

窄窄的肩部和开阔的下摆相呼应，显得十分可爱。每次
走动下摆都会呈圆形张开，因此在布料的选择上宜使用
有下垂感的布料。裤子的侧缝没有接缝，轮廓漂亮、制
作简单。背带的使用可随个人喜好。

HOW TO MAKE   P.56（无袖罩衫）、P.58（背带裤）

实物大纸型 C 面【15】无袖罩衫
　　　　　　D 面【21】背带裤

"下一个生日，用这种布给我做连衣裙吧。"母女间的悄悄话
让一件连衣裙变得更加特别了。

［船形领 T 恤］

［休闲西裤］

这款 T 恤看起来简单，但拼接处、肩部与后背的下垂感等细节部分的设计都很讲究。裤子上则是利用"亮色扣子"的口袋作为制作的要点。同时加上有点复古风格的男裤款式，穿在小女孩身上却异常可爱。

HOW TO MAKE　P.60〔船形领 T 恤〕、P.62〔休闲西裤〕

实物大纸型 B 面【8】船形领 T 恤
　　　　　A 面【3】休闲西裤

⎡ 法式褶皱罩衫 ⎤
⎣ 休闲西裤（外折边）⎦

罩衫的衣身虽然宽大，但领口边呈现出的放射线状
褶皱，使这款罩衫看起来清爽而又柔美。而在布料
的选择上宜使用质感轻薄的。图中的裤子与P.20的
休闲西裤是相同的款式。裤腿中央用熨斗熨出一条
缝，添加外折边就可以了。

HOW TO MAKE　P.64（法式褶皱罩衫）、P.62 休闲西裤（外折边）

实物大纸型 D 面【19】法式褶皱罩衫
　　　　　A 面【3】休闲西裤（外折边）

[交领罩衫]

[百褶裙]

这是一件搭配很多宽幅蕾丝花边的仿古风格的交领罩衫。
用蕾丝花边做成的小袖，轻轻放在肩上再加上立领的搭配
正是本款罩衫的亮点。其与休闲牛仔布搭配在一起也很漂
亮。而下图中的百褶裙则采用的是一款不使用腰带的简单
款式。

HOW TO MAKE   P.66（交领罩衫）、P.68（百褶裙）

实物大纸型 D 面【18】交领罩衫

［ 长袖 T 恤 ］［ 泡泡袖 T 恤 ］
［ 灯笼裤 ］

这是款贴身舒适的 T 恤。衣身款式不变,而是在袖子处做出了不同
的设计。布料可使用罗纹针织布或薄一点的松紧罗纹针织布。
裤子大眼周围要尽量宽松,而在裤脚处收紧,则会显得孩子更加可爱。
纸型与 P.18 的背带裤相同。

HOW TO MAKE　P.70（长袖 T 恤）（泡泡袖 T 恤）、P.58（灯笼裤）

实物大纸型 B 面【9】长袖 T 恤【10】泡泡袖 T 恤
D 面【20】灯笼裤 80cm

27

喜欢的颜色和花纹

　　我给孩子做衣服，大多使用藏青色、灰色、驼色等素雅的颜色。就算是自己的衣服，我也还是选择这几种颜色。当然偶尔也使用棕色、米色、黑色等，只是在小物件或下装上，为突出重点稍微使用些配色。不过，在穿薄衣服的季节，我也会尝试使用鲜艳的颜色。我非常喜欢穿着鲜亮色彩的衣服，在太阳下尽情玩耍的孩子的样子。

　　对于印花布料，如果没有特别中意的图案就不要选用了。选择时，比起少女风格的碎花，我更喜欢动物或植物的图案，或者风景图案也不错。那些带有故事色彩的图案特别吸引我。

尤其是小孩子的衣服，最好使用优质的布料，这样会让孩子们穿得放心。

使用碎布头制作小物件

　　做小孩衣服剩下的那些碎布头，总是舍不得丢掉。大一点的碎布头做成手帕、抽纸盒、发圈，小一点的做成包扣、胸针和橡皮筋，作为赠品送给顾客。一些布条，也可用作包装礼物时的丝带，也可穿上个小饰品当作项链。

　　即便如此，不舍得丢掉的碎布头还是有很多。过去的人也说"只能包三粒豆子的布也不可丢掉"。我梦想着，等到什么时候小孩子长大了，用这些碎布做一幅碎布拼图吧。

有些碎布头用来给女儿的玩偶做了衣服，并且和女儿的衣服同款。

碎布小挎包的制作方法

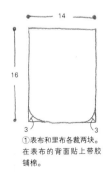

14

16

3　　3

①表布和里布各裁两块。在表布的背面贴上带胶铺棉。

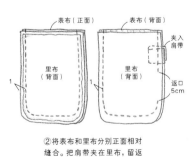
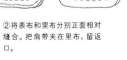

表布（正面）　　表布（背面）

夹入肩带

里布（背面）　　里布（背面）

1　　1

返口5cm

②将表布和里布分别正面相对缝合。把肩带夹在里布，留返口。

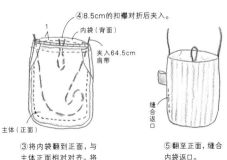

④8.5cm的扣襻对折后夹入。

内袋（背面）

1

夹入64.5cm肩带

主体（正面）

③将内袋翻到正面，与主体正面相对对齐。将扣襻和肩带夹入，缝合袋口。

缝合返口

⑤翻至正面，缝合内袋返口。

1.5

钉扣子

⑥在包的主体上钉上扣子。

非常方便的四季百搭外套

给孩子制作外出玩耍时穿着的，一年四季都能穿出朝气的方便外套，也是一大
乐趣。外套和马甲是简单的中性设计，也可以做给男孩子穿。
而邮差包和围脖，妈妈和小孩子都能用。

开襟外套

无领风衣

马甲

围脖

邮差包

毛领

春季搭配

春天穿时，可以将袖口卷起，敞开前门襟，微微露
出里边交领罩衫的蕾丝花边，看起来会更时尚。

[开襟外套]

这是一款用双层纱布制作的、稍显成熟风格的交领
开襟外套。胸前系带式设计，也可以不系带子使前
门襟自然下垂，或者只系两处的穿法也十分可爱。

HOW TO MAKE P.*72*

实物大纸型 A 面【4】

冬季搭配

在秋冬季，可以与高领衣服叠穿，搭配宽松的围脖。在
外面尽情地玩耍时，连解都不用解，十分方便。

[围脖]

HOW TO MAKE　P.79

春季搭配

与用印花布制作的法式褶皱罩衫搭配，轮廓简单大方，可以看见里边的印花。

[无领风衣]

肩襻和袖襻提高了这款作品的美感。用提花针织布或羊毛面料，感觉会完全不同。内衬可使用自由印花布，不经意地看到印花布的花纹，会有惊喜的感觉。

HOW TO MAKE P.74

实物大纸型 C 面【16】

冬季搭配

因为是无领设计，冬天可搭配毛领或围巾。
中性风的邮差包，使干净的搭配显得很协
调，并降低了随意感。

[邮差包]

HOW TO MAKE　P.78

实物大纸型 B 面【12】

[毛领]

HOW TO MAKE　P.79

实物大纸型 B 面【11】

春季搭配

马甲用料不多，所以用昂贵一点的优质布料
也无妨。背部的腰襻是设计的一个要点。

〔 马甲 〕

这是一款款式简洁的短款马甲，穿着方便又保暖。
袖窿和身片均采用了宽松的设计风格。其采用了
简单的设计，可用不同的面料多做几件。

HOW TO MAKE　P.76

实物大纸型 D 面【22】

 冬季搭配

秋冬季可以用长毛绒的毛皮来做马甲。随意的
搭配很有时尚感。

裁剪图

古典亚麻布

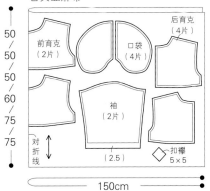

50
50
50
60
75
75

150cm

★（ ）内为缝份，除指定以外缝份均为1cm
★尺寸为80/90/100/110/120/130cm

裙片的尺寸

古典亚麻布

80/80/85/90/95/100

34/39/45/50/55/60

裙片（2片）
※裁剪

★裙片是直线裁剪，不附纸型。参照上图，在布上画线裁剪
★尺寸为80/90/100/110/120/130cm

P.5
实物大纸型A面【1】
1- 前育克　2- 后育克　3- 袖子　4- 口袋布

材料

• LINNET 古典亚麻布
　150cm×130/140/150/160/190/200cm
• 直径2cm 扣子1颗
• 黏合衬 1.5cm×30cm

成品尺寸

单位：cm

	80	90	100	110	120	130
胸围	62	65	69	73	77	81
衣长	47	53	60	65	71	77

准备

贴黏合衬	制作扣襻

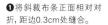

在口袋口的缝份处贴上黏合衬（2片相同）

❶将斜裁布条正面相对对折，距边0.3cm处缝合。

❷剪去多余的缝份，将扣襻翻到正面后，整理形状。

※ 如操作不便，可将布片三折，缝边即可

☆为了清楚演示，这里使用了颜色显眼的线。实际操作时可选用与布料相配的颜色

---

①　缝制育克

❶将前育克和后育克正面相对，对齐后缝合，余1cm缝份。

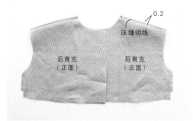

❷翻到正面，将缝份后倒，压缝明线。另一组同样缝合肩部，缝份前倒，无需压线（作为里层育克）。

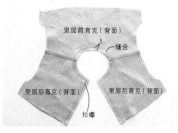

❸将育克表布和育克里布正面相对，对齐后夹入扣襻，在衣领和后中心部位空出1cm缝份后缝合。

※ 制作图中未标明的尺寸均以厘米（cm）为单位

❹在圆弧处剪牙口。剪去边角。

❺缝份倒向后育克,仅在后身片育克的领窝上压缝明线(由于缝纫机缝不到转角处,所以两端留2cm不缝)。

❻将☆的部分对齐,沿着后身片的中心用珠针固定。缝份倒向里层后育克一侧。

❼注意不要缝入预留的缝份,在缝线右侧0.1cm处缝合至开衩底部。

❽翻到正面,用熨斗整形,开衩处压缝明线。

2 缝制袖子

❶育克与袖片正面相对对齐,余1cm缝份缝合。用Z字形锁边缝处理缝份。

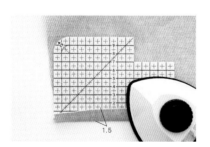

❷将袖口以1~1.5cm的宽度折二折。

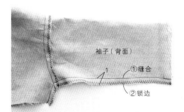

❸将表层前育克和表层后育克正面相对,对齐后,余1cm的缝份从袖下缝线至侧缝。用Z字形锁边缝处理缝份。

❹袖口折边,缝合。

③ 制作口袋

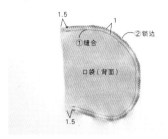

❶将口袋布正面相对对齐，余 1cm 缝份缝合。用 Z 字形锁边缝处理缝份。

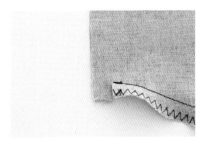

❷在缝份上剪牙口。

❸翻到正面，整理形状。口袋的缝份不外露是 FU-KO basics 的习惯做法。

④ 缝制裙片

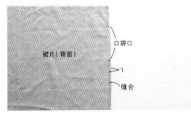

❶将裙片正面相对对齐，参照右图的尺寸，留下口袋口，缝合两侧缝。

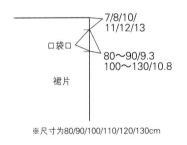

7/8/10/
11/12/13

口袋口

80～90/9.3
100～130/10.8

裙片

※尺寸为80/90/100/110/120/130cm

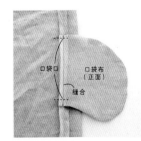

❸将口袋的缝份与裙片的缝份重叠缝合，注意不要缝到裙片上。左右相同。

❷分开缝份。

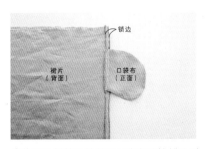

❹将裙片侧缝的缝份和口袋布的缝份分别做 Z 字形锁边缝。

5 缝合身片和裙片

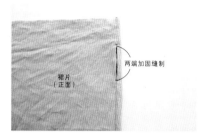

❺将裙片翻到正面，在口袋口的两端加固缝制。

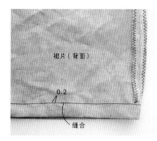

❻将裙片的下摆，以1~2cm的宽度往上折二折后缝合。

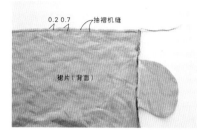

❶在裙片上端抽褶机缝（大针脚机缝）缝两条线。

❷将育克和裙片正面相对对齐，在裙片上抽褶。

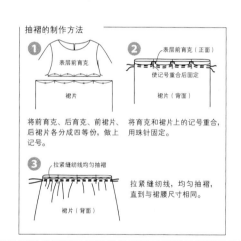

抽褶的制作方法

❶ 表层前育克

裙片（背面）

将前育克、后育克、前裙片、后裙片各分成四等份，做上记号。

❷ 表层前育克（正面）

使记号重合后固定

裙片（背面）

将育克和裙片上的记号重合，用珠针固定。

❸ 拉紧缝纫线均匀抽褶

裙片（背面）

拉紧缝纫线，均匀抽褶，直到与裙腰尺寸相同。

❸将育克和裙片缝合，余1cm缝份。抽出抽褶线。

❹将育克和裙片的缝份做Z字形锁边缝。

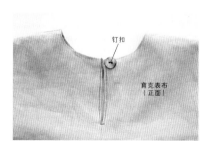

❺钉上扣子。

完成品

3

我的日常生活

住进商铺

　　最早提出"想住商铺"的是丈夫，而在看商铺的物品、摆设的过程中，我也开始渐渐向往"住进京都那样古风而又朴实的商铺里了"。结婚前两个人就怀揣的梦想，终于在江出生一年后得以实现。我们很有缘地住进了这栋已建成 90 年的商铺里。一开始的时候，出乎意料的昏暗的光线和冬日的寒冷，还有那偶尔遇见的不知名的小虫子，都让人很不习惯。但是，拉门和隔扇的温馨、榻榻米的舒适、房间的布局和房子的构造所凝结的前人的智慧，这些也让人深深的感动。我喜欢上了亲手照顾那些土墙、木柱以及洁净的地板的感觉。我想正是由于住进了商铺，我才能感悟到——即使照顾孩子很忙碌，也要珍惜日常的生活的重要性。如今的我，崇敬着那些重视季节和节日的前人，充实地过着每一天。

住在商铺虽说有些不便之处，但也能学到很多东西。

关于 FU-KO basics

　　我开始慢慢地给江做一些小衣服，之后当稍微有点自信的时候，我开始尝试在网上卖。一开始只收些做工、用料的费用。但还是很忐忑：会不会有人买呢？当我收到第一笔钱的时候，那种喜悦真是难以言表，这预示着一扇全新的门已向我打开。之后，江快 3 岁的时候，网店 FU-KO basics 开张了。开张以来，我每年都会推出 1 000 多款服装和配饰。同时一直在持续着与创业初期的一些顾客的交流，看着他们的孩子的成长，就如同自己的孩子一样。当然我也很高兴能够通过做衣服，结识了那么多的朋友。

　　经常有人问我 FU-KO 的由来，开店那时，江有个很喜欢的玩偶叫"毛茸茸（fumofumo）的 koara"，取其开头的 FU 和 KO 而来的。没有想到的是小店能持续这么长时间，有些后悔没取个更加响亮的名字（笑）。但是，我喜欢这个名字，好记顺口，听起来还很柔和。

这些都是多次光顾的客人的来信，有些顾客在FU-KO basics买了五十件以上的衣服。每次收到感谢信和照片时，我都不胜感激。

HOW TO MAKE

*本书介绍的款式可做成 90、100、110、120、130cm（落肩袖连衣裙、后系扣宽松连衣裙、灯笼裤可做成 80cm）。

*裁剪图是按照 110cm 的纸型绘制的。要做成其他尺寸，请在需要裁剪的布上，参照书后附的实物大纸型裁剪。

*直线裁剪的部分不附纸型。请参照裁剪图内的尺寸，直接在布上画线裁剪。

基本尺寸表

	90	100	110	120	130
身高	85～95	95～105	105～115	115～125	125～135
胸围	52	54	56	60	64
腰围	46	48	50	52	54
臀围	53	57	60	65	70

（单位：cm）

[开始制作之前]

1 关于布料

请参照制作方法页的材料，选择与款式适合的布料。颜色和花样都可以按照自己的喜好来选择，或者和孩子一起选也很有趣，这是手工制作的乐趣。刚买回来的布料，有的布纹不平整，有的洗了会缩水，所以在裁剪之前需要"浸水"和"整布"。

浸水

将布料折叠后，完全浸泡于水中1小时左右。轻轻拧掉水分，铺平后阴干，至半干即可。若是针织面料，轻轻挤压掉水分，平铺晾干。

整布

将布四角摊平，沿布纹熨烫。若是针织面料，熨烫时注意不要拉扯布面。

针织面料的缝制

处理有伸缩性的针织面料时，为了避免断线，建议使用针织布专用的线和针。

2 关于纸型

- 书后附的实物大纸型上，不包含缝份。请参照裁剪图，按照指定的缝份缝制。
- 实物大纸型中各个作品的线条是重叠印刷的。为了方便查找，制作方法页上介绍有各个作品在纸型内的位置图。
- 实物大纸型的四周标记有各个作品的编号及各部位的名称，可作为查找的依据。

纸型上的记号

布纹线
与布边平行的纵向线

对折线
左右对折时的折痕部分

贴边线
表示贴边的位置与形状的线

对齐记号
两个部件重合时的记号

褶皱
抽褶的地方

折缝
由斜线的高处向低处叠布

3 纸型的制作方法

制作纸型

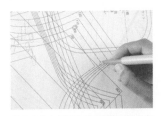

①在实物大纸型中找到想要制作的作品，在边角等关键部位用显眼的颜色做记号。

②在实物大纸型上铺上硫酸纸或其他的透明纸，用尺子描线。

③画曲线时，可使用曲线尺。

④复写时不要遗漏部位名称、布纹线、对齐记号等。

标记缝份

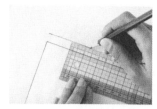  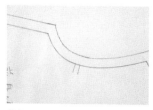 

①缝份的尺寸参照裁剪图。可使用方格尺。

②曲线部分，边用尺子直角测量缝份的宽度边做记号。

③将记号用曲线尺等连接，画成清晰的线。

④沿完成线剪去多余部分，这样标有缝份的纸型就完成了。

★Point

袖口或下摆贴边的直线斜着遇到的角的部分，在成品对折时，为了不缺少缝份要把缝份也画出来。

 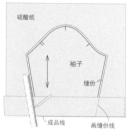 

①将标记袖口（下摆）的缝份的直线画长。

②将硫酸纸在袖口的成品线处正面相对折叠，描下袖子两侧缝的线。

③在正面将②中画出的线与袖口的缝份线连接起来。

④ 布的裁剪方法

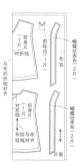

布：背面相对折一折
前身片、后身片：以对折线为中心各1片
蝴蝶结表布、里布：各2片
前贴边（1片）

★本书的裁剪图以110cm为基准绘制
在实际制作过程中，依据尺寸和用料，布局和尺寸会有改变。请制作前予以确认

各个部分全部分布在布上，各裁剪1片。

⑤ 滚边布的制作方法

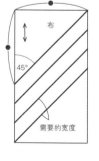 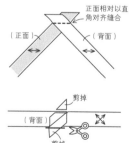

☆使用厂家做好的滚边布能够简单制作出滚边条。
厂家做好的滚边布条尺寸有6mm、12mm、18mm、25mm、50mm

沿布纹45°角裁下的布称为滚边布。可根据需要的长度拼接使用。

⑥ 扣眼的制作方法

扣眼的位置

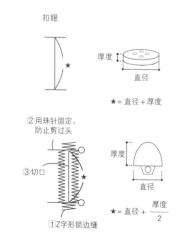

0.2~0.3cm

0.2~0.3cm

纸型中只标示了钉扣子的位置，扣眼位置从钉扣位置的右侧或上方0.2~0.3cm处剪开。

厚度

直径

★＝直径＋厚度

厚度

直径

$★＝直径＋\dfrac{厚度}{2}$

带领结的连衣裙 P.6

成品尺寸（90/100/110/120/130cm）
胸围 75/79/83/87/91cm
衣长 47/53/60/67/75cm

材料（90/100/110/120/130cm）
· 印花布 puff（CHECK & STRIPE）
110cm×120/130/150/160/180cm
· 黏合衬 20cm×25cm

实物大纸型 C 面【14】
1– 前身片 2– 后身片
3– 前贴边 4– 蝴蝶结

适合的布料
平纹织布、薄棉麻布、密织平
纹布、薄亚麻布、平纹布

裁剪图

印花布

前身片
（1片）
（0）
前贴边
（1片）
（1.5）
（3）
蝴蝶结表布
（2片）
后身片
（1片）
（1.5）
（3）
蝴蝶结里布
（2片）

120/130/150/160/180

110cm

* 处粘贴黏合衬
*（ ）内为缝份。除指定以外缝份均为1cm
*（ ）从左（上）为 90/100/110/120/130 cm

缝制方法顺序图

❶ 参照裁剪图裁剪
❷ 制作蝴蝶结
❸ 缝制箱形褶裥
❺ 缝制两肩
❻ 将蝴蝶结缝到身片上
❼ 缝合两侧缝，处理袖口和下摆
❹ 缝制前贴边

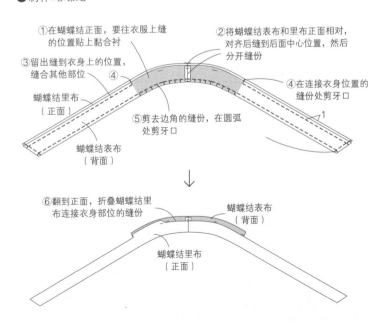

❷ 制作蝴蝶结

①在蝴蝶结正面，要往衣服上缝的位置贴上黏合衬
②将蝴蝶结表布和里布正面相对，对齐后缝到后面中心位置，然后分开缝份
③留出缝到衣身上的位置，缝合其他部位
④在连接衣身位置的缝份处剪牙口
⑤剪去边角的缝份，在圆弧处剪牙口
蝴蝶结里布（正面）
蝴蝶结表布（背面）
⑥翻到正面，折叠蝴蝶结里布连接衣身部位的缝份
蝴蝶结表布（背面）
蝴蝶结里布（正面）

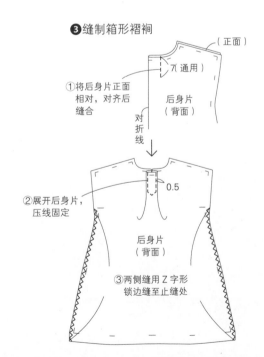

❸ 缝制箱形褶裥

（正面）
7（通用）
①将后身片正面相对，对齐后缝合
后身片（背面）
对折线
②展开后身片，压线固定
0.5
后身片（背面）
③两侧缝用 Z 字形锁边缝至止缝处

❹缝制前贴边

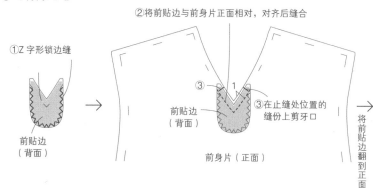

①Z字形锁边缝

前贴边（背面）

②将前贴边与前身片正面相对，对齐后缝合

③在止缝处位置的缝份上剪牙口

前贴边（背面）

前身片（正面）

将前贴边翻到正面

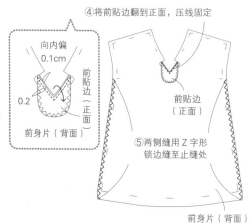

④将前贴边翻到正面，压线固定

向内偏0.1cm

0.2

前贴边（正面）

前身片（背面）

前贴边（正面）

⑤两侧缝用Z字形锁边缝至止缝处

前身片（背面）

❺缝制两肩

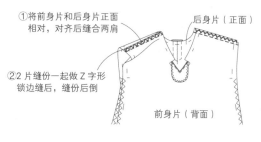

①将前身片和后身片正面相对，对齐后缝合两肩

后身片（正面）

②2片缝份一起做Z字形锁边缝后，缝份后倒

前身片（背面）

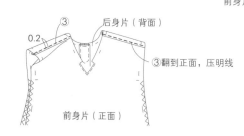

③

0.2

后身片（背面）

③翻到正面，压明线

前身片（正面）

❻将蝴蝶结缝到身片上

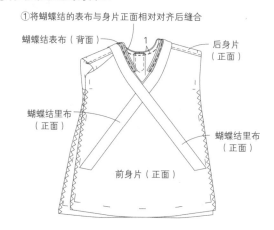

①将蝴蝶结的表布与身片正面相对对齐后缝合

蝴蝶结表布（背面）

后身片（正面）

蝴蝶结里布（正面）

蝴蝶结里布（正面）

前身片（正面）

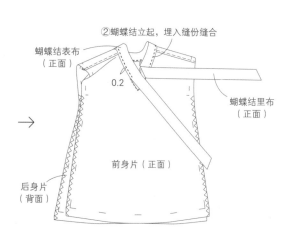

②蝴蝶结立起，埋入缝份缝合

蝴蝶结表布（正面）

0.2

蝴蝶结里布（正面）

后身片（背面）

前身片（正面）

❼缝合两侧缝，处理袖口和下摆

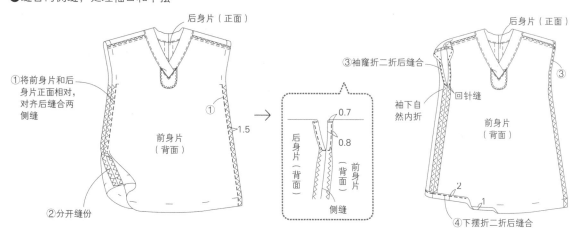

后身片（正面）

①将前身片和后身片正面相对，对齐后缝合两侧缝

①

1.5

前身片（背面）

②分开缝份

0.7

0.8

后身片（背面）

前身片（背面）

侧缝

后身片（正面）

③袖窿折二折后缝合

袖下自然内折

回针缝

③

前身片（背面）

2

1

④下摆折二折后缝合

长打底裤 P.6
七分打底裤 P.11

成品尺寸（90/100/110/120/130cm）
长打底裤裤长 53/61/67/73/79cm
七分打底裤裤长 46/51/56/61/67cm

材料（90/100/110/120/130cm）
（长打底裤）
•罗纹针织布
140cm×70/70/80/90/100cm
（七分打底裤）
•罗纹针织布
39cm×60/60/70/80/90cm
（通用）
•松紧带 1.5cm×42/44/46/49/52cm
（按裤腰尺寸调节）
•斜纹织带 1.5cm×7cm

实物大纸型 B 面

【6】长打底裤
【7】七分打底裤

1– 前、后裤片

适合的布料
罗纹布、松紧罗纹针织布、
松紧罗纹布、平针织布（弹
力大的）

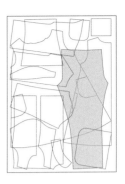

裁剪图

长打底裤 /
罗纹针织布

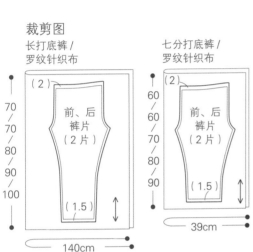

七分打底裤 /
罗纹针织布

（2）
前、后
裤片
（2 片）
（1.5）

（2）
前、后
裤片
（2 片）
（1.5）

70 / 70 / 80 / 90 / 100
140cm

60 / 60 / 70 / 80 / 90
39cm

＊从左（上）为 90/100/110/120/130cm

＊（ ）内为缝份，除指定以外缝份均为 1cm

缝制方法顺序图

❶参照裁剪图裁剪
❻缝上扣子
❺给裤腰穿松紧带
❷缝制上裆
❹处理裤腰和裤脚
❸缝制下裆

❷缝制上裆

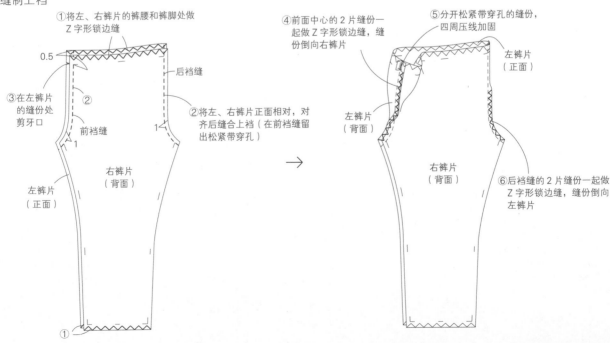

①将左、右裤片的裤腰和裤脚处做
Z 字形锁边缝

0.5

后裆缝

③在左裤片
的缝份处
剪牙口

②

前裆缝

1

②将左、右裤片正面相对，对
齐后缝合上裆（在前裆缝留
出松紧带穿孔）

右裤片
（背面）

左裤片
（正面）

④前面中心的 2 片缝份一
起做 Z 字形锁边缝，缝
份倒向右裤片

⑤分开松紧带穿孔的缝份，
四周压线加固

左裤片
（正面）

左裤片
（背面）

右裤片
（背面）

⑥后裆缝的 2 片缝份一起做
Z 字形锁边缝，缝份倒向
左裤片

①

❸缝制下裆

①前、后片正面相对，对齐后缝合下裆

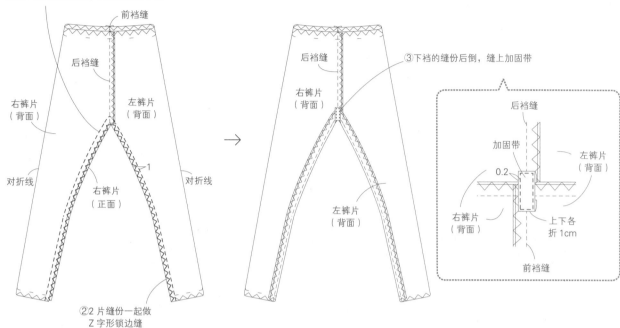

前裆缝

后裆缝

右裤片
（背面）

左裤片
（背面）

对折线

右裤片
（正面）

对折线

1

②2 片缝份一起做
Z 字形锁边缝

③下裆的缝份后倒，缝上加固带

后裆缝

右裤片
（背面）

左裤片
（背面）

后裆缝

加固带

0.2

左裤片
（背面）

右裤片
（背面）

上下各
折1cm

前裆缝

❹处理裤腰和裤脚

①裤腰的缝份折下去缝合

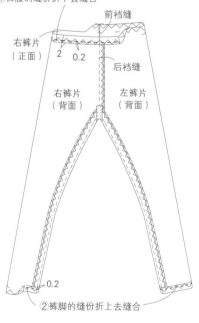

前裆缝

右裤片
（正面）

2   0.2

后裆缝

右裤片
（背面）

左裤片
（背面）

0.2

②裤脚的缝份折上去缝合

❺给裤腰穿松紧带

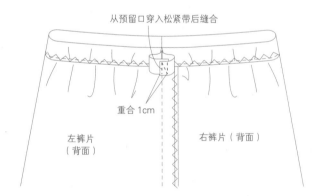

从预留口穿入松紧带后缝合

重合 1cm

左裤片
（背面）

右裤片（背面）

❻缝上扣子

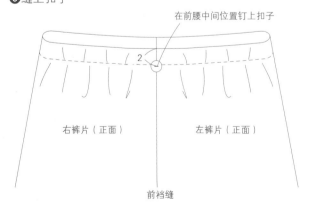

在前腰中间位置钉上扣子

2

右裤片（正面）

左裤片（正面）

前裆缝

后系扣宽松连衣裙　P.9

成品尺寸（80/90/100/110/120/130cm）
胸围 65/68/72/76/80/84cm
衣长 45/49/53/58/65/72cm

材料（80/90/100/110/120/130cm）
・亚麻条纹布（LINNET）
150cm×110/120/130/140/150/160cm
・直径 1.5cm 的扣子 6 颗
・黏合衬 15cm×45/50/55/60/65/75cm

实物大纸型 B 面【5】
1- 前身片　2- 后身片
3- 袖子　4- 口袋

适合的布料
薄亚麻布、薄棉麻布、密织平
纹布、平纹织布、平纹布

裁剪图

亚麻条纹布

（0）
（3）
右后身片（1 片）
左后身片（1 片）
前身片（1 片）
（3）
（3）
（0）
滚边布（1 片）
4
（0）
55
150
袖子（1 片）
袖子（1 片）
（2.5）
（2.5）
口袋布（2 片）
（3）（0）
后门襟（1 片）
4
43/46.5/50/55/62/69

110/120/130/140/150/160

* □ 处贴黏合衬
* （　）内为缝份，除指定以外缝份均为 1cm
* 从左（上）为 80/90/100/110/120/130cm

缝制方法顺序图

❶参照裁剪图裁剪

后面
❺将袖子缝到身片上
❹缝制袖子
❻处理后门襟和下摆
前面
❼处理领口
❷缝制褶皱
❸缝制肩部和两侧缝
❾做扣眼，并钉上扣子
❽缝制口袋，并缝到身片上

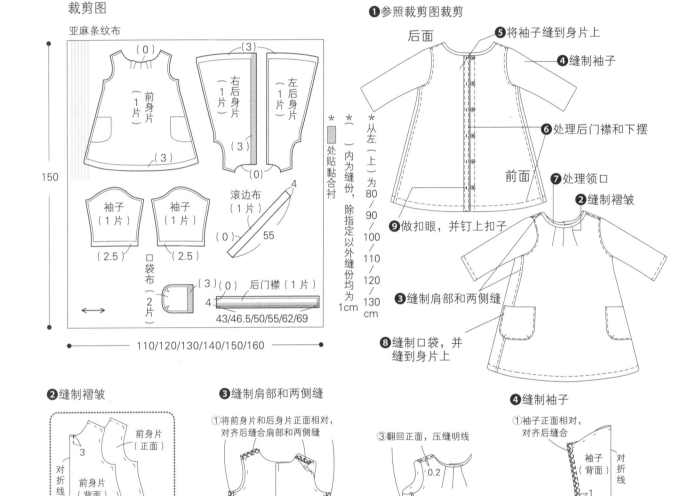

❷缝制褶皱

前身片（正面）
前身片（正面）
3
对折线
前身片（背面）
将前身片正面相对，对齐后缝制褶皱
前身片（正面）

❸缝制肩部和两侧缝

①将前身片和后身片正面相对，对齐后缝合肩部和两侧缝
右后身片（背面）
左后身片（背面）
前身片（正面）
②2 片缝份一起做 Z 字形锁边缝，缝份倒向后身片

③翻回正面，压缝明线
0.2
前身片（正面）
0.2
右后身片（正面）

❹缝制袖子

①袖子正面相对，对齐后缝合
袖子（背面）
对折线
②2 片缝份一起做 Z 字形锁边缝
1
③缝份倒向后面袖子侧
袖子（背面）
0.2
1.5
④袖口折二折后缝合

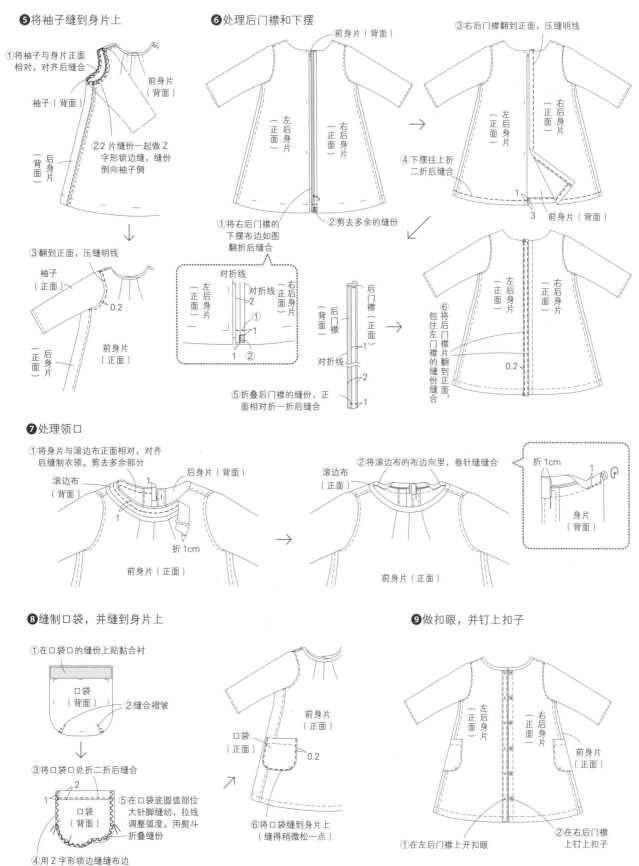

❺将袖子缝到身片上

①将袖子与身片正面相对，对齐后缝合

袖子（背面）

前身片（背面）

②2片缝份一起做Z字形锁边缝，缝份倒向袖子侧

后身片（背面）

③翻到正面，压缝明线

袖子（正面）

0.2

前身片（正面）

后身片（正面）

❻处理后门襟和下摆

前身片（背面）

左后身片（正面）

右后身片（正面）

①将右后门襟的下摆布边如图翻折后缝合

②剪去多余的缝份

对折线

左后身片（正面）

对折线

右后身片（正面）

2

1

1

②

后门襟（背面）

后门襟（正面）

对折线

1

2

1

⑤折叠后门襟的缝份，正面相对折一折后缝合

③右后门襟翻到正面，压缝明线

左后身片（正面）

右后身片（正面）

④下摆往上折二折后缝合

1

3

前身片（背面）

左后身片（正面）

右后身片（正面）

⑥将后门襟片翻到正面，包住左门襟片的缝份缝合

0.2

❼处理领口

①将身片与滚边布正面相对，对齐后缝制衣领。剪去多余部分

滚边布（背面）

后身片（背面）

1

1

折1cm

前身片（正面）

②将滚边布的布边向里，卷针缝缝合

滚边布（正面）

折1cm

1

身片（背面）

前身片（正面）

❽缝制口袋，并缝到身片上

①在口袋口的缝份上贴黏合衬

口袋（背面）

②缝合褶皱

③将口袋口处折二折后缝合

2

1

口袋（背面）

④用Z字形锁边缝缝布边

⑤在口袋底圆弧部位大针脚缝纫，拉线调整弧度，用熨斗折叠缝份

口袋（正面）

0.2

前身片（正面）

⑥将口袋缝到身片上（缝得稍微松一点）

❾做扣眼，并钉上扣子

左后身片（正面）

右后身片（正面）

前身片（正面）

①在左后门襟上开扣眼

②在右后门襟上钉上扣子

开襟暗扣连衣裙　P.11

成品尺寸（90/100/110/120/130cm）
胸围 60/64/67/70/74cm
衣长 44/50/57/65/72cm

材料（90/100/110/120/130cm）
• 印花布 darren（CHECK & STRIPE）
110cm×100/110/130/160/180cm
• 直径 1.2cm 的扣子 6 颗
• 黏合衬 12cm×45/50/60/65/75cm

实物大纸型 C 面【13】
1– 前身片　2– 后育克
3– 后身片

适合的布料
薄亚麻布、薄棉麻布、密织平
纹布、平纹织布、平纹布

裁剪图

印花布

滚边布
（1 片）

3

（3）　后身片（1 片）　（0）　左前身片（1 片）　3

35.5/36.5/38/38.5/40.5

（3）

* 处贴黏合衬

* （ ）内为缝份，处贴黏合衬

* 从左（上）为 90/100/110/120/130cm

100/110/130/160/180

（3）

26/27/28/29/30

8　2 片　折袖

后育克（1 片）

右前身片（1 片）

10　暗门襟布（1 片）

（3）

40.5/46.5/53.5/60.5/67.5

110cm

* 从左（上）为 90/100/110/120/130cm，除指定以外缝份均为 1cm

缝制方法顺序图

❶ 参照裁剪图裁剪

❷ 缝合后身片与后育克

❺ 处理领口

❼ 缝制折袖

❽ 钉上扣子

❸ 缝制肩部和两侧缝

❻ 缝制暗门襟

❹ 缝制左前门襟，处理下摆

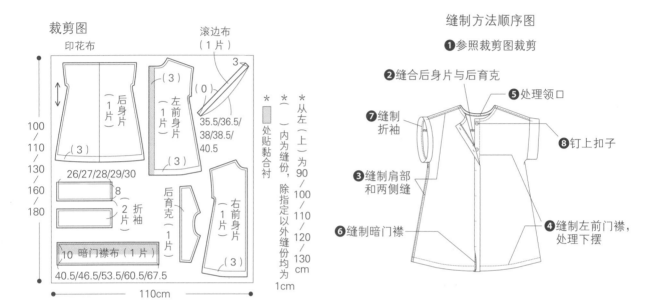

❷ 缝合后身片与后育克

①将后身片与后育克正面相对，对齐后缝合

1　后育克（背面）

②2 片缝份一起做 Z 字形锁边缝

后身片（正面）

③缝份倒向后育克，压缝明线

后育克（正面）

0.5

后身片（正面）

❸ 缝制肩部和两侧缝

①将前身片和后身片正面相对，对齐后缝合肩部和两侧缝

后身片（正面）

②2 片缝份一起做 Z 字形锁边缝，缝份倒向后侧

左前身片（背面）

右前身片（背面）

③翻回正面，压缝明线

0.2

前身片（背面）

后身片（正面）

0.2

❹ 缝制左前门襟，处理下摆
（参照 P.49-❻）

右前身片（正面）　左前身片（正面）

后身片（背面）

1

2.5

②剪去多余的缝份

后身片（背面）

①将左前门襟的布边如图翻折后缝合下摆

③左前门襟翻到正面，压缝明线

右前身片（正面）　左前身片（正面）

④下摆折二折后缝合

1

2

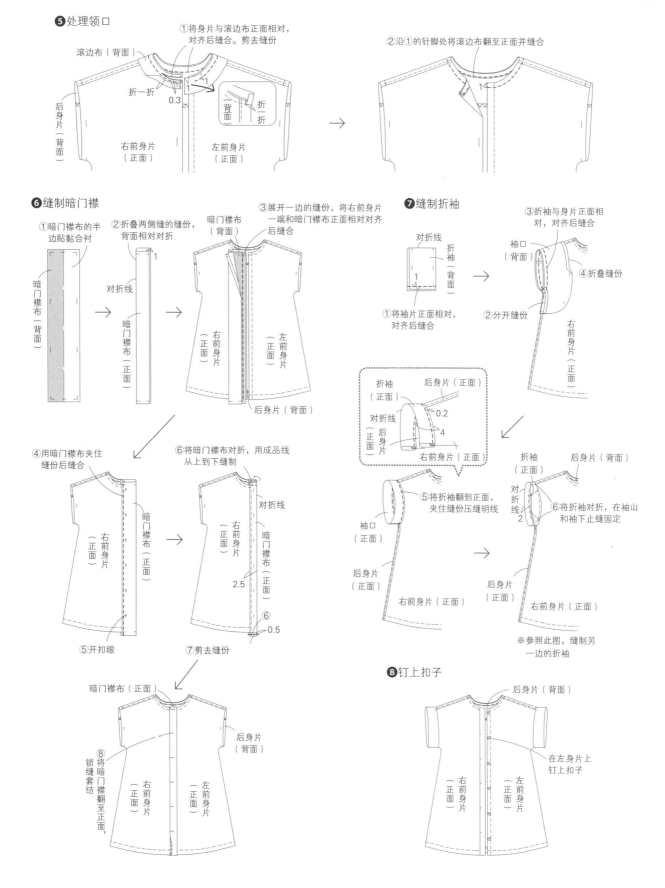

❺处理领口

①将身片与滚边布正面相对，对齐后缝合。剪去缝份

滚边布（背面）

折一折　0.3

1　背面　折一折

后身片（背面）

右前身片（正面）　左前身片（正面）

②沿①的针脚处将滚边布翻至正面并缝合

1

❻缝制暗门襟

①暗门襟布的半边贴黏合衬

暗门襟布（背面）

②折叠两侧缝的缝份，背面相对对折

对折线　1

暗门襟布（正面）

③展开一边的缝份，将右前身片一端和暗门襟布正面相对对齐后缝合

暗门襟布（背面）

右前身片（正面）　左前身片（正面）

后身片（背面）

④用暗门襟布夹住缝份后缝合

右前身片（正面）　暗门襟布（正面）

⑥将暗门襟布对折，用成品线从上到下缝制

右前身片（正面）　暗门襟布（正面）　对折线

2.5

⑥　0.5

⑤开扣眼　⑦剪去缝份

暗门襟布（正面）

⑧将暗门襟翻至正面　⑧锁缝套结

后身片（背面）

右前身片（正面）　左前身片（正面）

❼缝制折袖

①将袖片正面相对，对齐后缝合

对折线　折袖（背面）　1

③折袖与身片正面相对，对齐后缝合

袖口（背面）

④折叠缝份　②分开缝份

右前身片（正面）

折袖（正面）　后身片（正面）　0.2　对折线　后身片（正面）　4　右前身片（正面）

⑤将折袖翻到正面，夹住缝份压缝明线

袖口（正面）

折袖（正面）

后身片（正面）

右前身片（正面）

⑥将折袖对折，在袖山和袖下止缝固定

折袖（正面）　后身片（背面）　对折线　2

后身片（正面）　右前身片（正面）

※参照此图，缝制另一边的折袖

❽钉上扣子

后身片（背面）

在左身片上钉上扣子

右前身片（正面）　左前身片（正面）

复古娃娃领连衣裙　P.13

成品尺寸（90/100/110/120/130cm）
胸围 60/64/68/72/76cm
衣长 47/57/61/68/76cm

材料（90/100/110/120/130cm）
・青年布（LINNET）
150cm×110/120/140/150/160cm
・黏合衬 110cm×30cm

实物大纸型 A 面【2】
1– 前身片　2– 后身片　3– 前贴边　4– 后贴边　5– 袖子　6– 领子　7– 口袋布

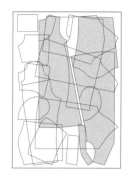

适合的布料
薄棉麻布、薄亚麻布、平纹织布、密织平纹布

裁剪图

青年布

表领（2片）
前贴边（1片）
后身片（1片）
对折线
里领（2片）
（3.5）
后贴边（1片）
前身片（1片）
口袋
对折线
袖子（2片）（4片）
（3.5）
（1.5）
（2.5）

110/120/140/150/160

＊处贴黏合衬
＊（　）内为缝份
※从左（上）为90/100/110/120/130cm

缝份，除指定以外缝份均为1cm

150cm

缝制方法顺序图

❶参照裁剪图裁剪

❺缝制肩部
❸缝制领子
❹缝制贴边
❻将领子缝至身片上
❽缝制袖子
❷缝制口袋
❼缝合两侧缝，将口袋缝至身片上
❾将袖子缝至身片上，处理下摆

❷缝制口袋

①将2片口袋布正面相对对齐，开口处至两侧各留1.5cm，缝合剩余部分

1.5
剪牙口
1.5
口袋（背面）
②将2片缝份一起做Z字形锁边缝

③翻到正面，将口袋口处做Z字形锁边缝

口袋（正面）
口袋（正面）
※左右对称做2片

❸缝制领子

①将表领和里领正面相对，对齐后缝合
里领（正面）
表领（背面）
②在缝份有弧度的地方剪牙口，剪去边角

③翻到正面，放入厚纸，整好形状
厚纸
里领（正面）
表领（背面）
里领向内偏0.1cm
※左右对称做2片

❹缝制贴边

①将前、后贴边正面相对对齐，缝合肩部
后贴边（正面）
前贴边（背面）
②将2片缝份一起做Z字形锁边缝，倒向前贴边
③周围全部做Z字形锁边缝，折叠缝份缝合

❺缝制肩部

①将前身片与后身片正面相对，对齐后缝合肩部
后身片（正面）
前身片（背面）
②2片缝份一起做Z字形锁边缝，倒向后身片
③翻到正面，压缝明线
后身片（正面）
前身片（正面）

❻ 将领子缝至身片上

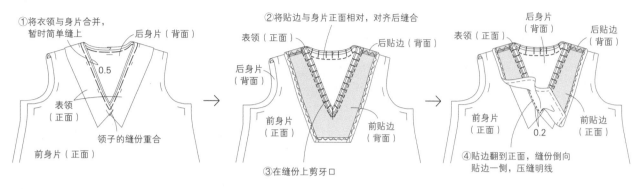

① 将衣领与身片合并，暂时简单缝上

0.5

后身片（背面）

表领（正面）

领子的缝份重合

前身片（正面）

② 将贴边与身片正面相对，对齐后缝合

表领（正面）

后身片（背面）

后贴边（背面）

前身片（正面）

前贴边（背面）

③ 在缝份上剪牙口

后身片（背面）

表领（正面）

后贴边（背面）

0.2

前身片（正面）

前贴边（正面）

④ 贴边翻到正面，缝份倒向贴边一侧，压缝明线

❼ 缝合两侧缝，将口袋缝至身片上

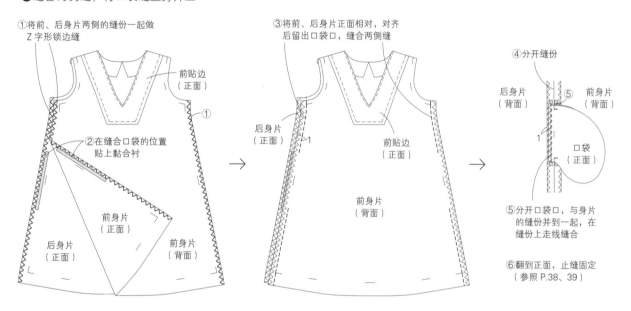

① 将前、后身片两侧的缝份一起做Z字形锁边缝

前贴边（正面）

①

② 在缝合口袋的位置贴上黏合衬

后身片（正面）

前身片（正面）

前身片（背面）

③ 将前、后身片正面相对，对齐后留出口袋口，缝合两侧缝

前贴边（正面）

后身片（正面）

1

前身片（背面）

④ 分开缝份

后身片（背面）

⑤

前身片（背面）

1

口袋（正面）

⑤ 分开口袋口，与身片的缝份并到一起，在缝份上走线缝合

⑥ 翻到正面，止缝固定（参照 P.38、39）

❽ 缝制袖子

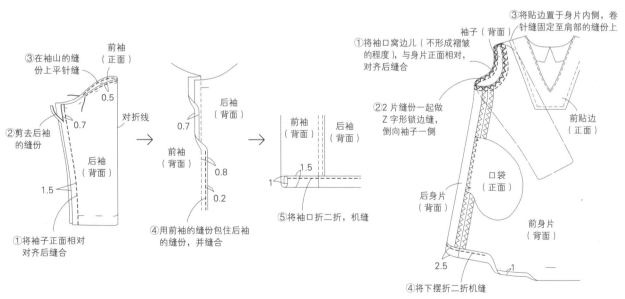

③ 在袖山的缝份上平针缝

前袖（正面）

0.5

对折线

② 剪去后袖的缝份

0.7

后袖（背面）

1.5

① 将袖子正面相对对齐后缝合

后袖（背面）

0.7

前袖（背面）

0.8

0.2

④ 用前袖的缝份包住后袖的缝份，并缝合

前袖（背面）

后袖（背面）

1.5

1

⑤ 将袖口折二折，机缝

❾ 将袖子缝至身片上，处理下摆

③ 将贴边置于身片内侧，卷针缝固定至肩部的缝份上

袖子（背面）

① 将袖口窝边儿（不形成褶皱的程度），与身片正面相对，对齐后缝合

② 2 片缝份一起做Z字形锁边缝，倒向袖子一侧

前贴边（正面）

后身片（背面）

口袋（正面）

前身片（背面）

2.5

1

④ 将下摆折二折机缝

53

休闲连衣裙 P.15

成品尺寸（90/100/110/120/130cm）
胸围 64.5/66.5/69.5/72/74cm
衣长 46/53/60/67/75cm

材料（90/100/110/120/130cm）
• 星点图案的平针织布（CHECK & STRIPE）
160cm × 70/70/80/90/100cm
• 松紧带 0.4cm × 46/48/50/52/54cm
（随腰围尺寸调节）
• 直径 2cm 的扣子 1 颗
• 黏合衬 30cm × 40cm

实物大纸型 D 面【17】
1– 前身片　2– 后身片
3– 前贴边　4– 后贴边

适合的布料
平针织布、里刷毛针织布（薄）、
提花针织布（薄）

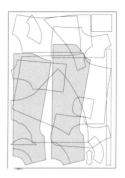

裁剪图

星点图案的平针织布

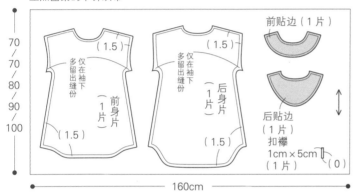

前贴边（1 片）

后贴边
（1 片）
扣襻
1cm × 5cm
（1 片）（0）

70
/70
/80
/90
/100

160cm

＊从左（上）为 90/100/110/120/130cm
＊（　）内为缝份，除指定以外的缝份均为 1cm
＊▨处贴黏合衬

缝制方法顺序图

❶参照裁剪图裁剪
❷缝制扣襻
❸缝制贴边
❹缝制肩部
❺将贴边缝至身片上，缝后开衩
❻处理袖口
❼缝合两侧缝，处理下摆
❽在身片中间穿入松紧带
❾钉上扣子

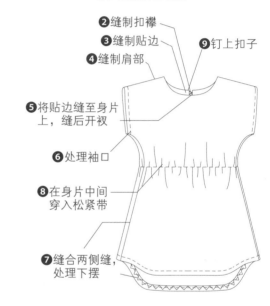

❷缝制扣襻

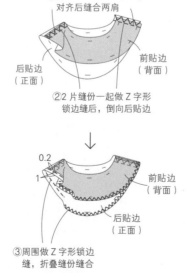

①将扣襻正面相对，对齐后缝合
0.2
（正面）
②在一端缝一针
扣襻（背面）　对折线

扣襻（正面）

③将针穿过扣襻中间，将其翻到正面

对折线
④对折

❸缝制贴边

①前、后贴边正面相对，对齐后缝合两肩
后贴边
（正面）
前贴边
（背面）
②2 片缝份一起做 Z 字形锁边缝后，倒向后贴边

0.2
1
前贴边
（背面）
后贴边
（正面）
③周围做 Z 字形锁边缝，折叠缝份缝合

❹缝制肩部

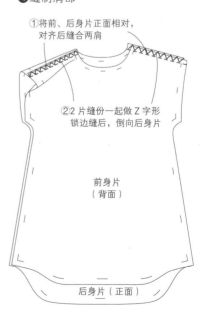

①将前、后身片正面相对，对齐后缝合两肩
②2 片缝份一起做 Z 字形锁边缝后，倒向后身片

前身片
（背面）

后身片（正面）

❺将贴边缝至身片上，缝后开衩

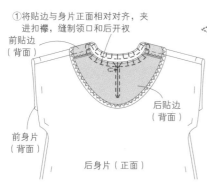

①将贴边与身片正面相对对齐，夹进扣襻，缝制领口和后开衩

前贴边（背面）

后贴边（背面）

前身片（背面）

后身片（正面）

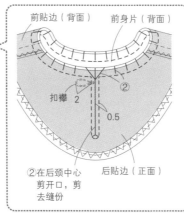

前贴边（背面）　　前身片（正面）

扣襻 2

②

0.5

②在后颈中心剪开口，剪去缝份

后贴边（正面）

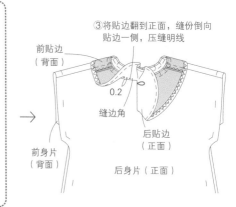

③将贴边翻到正面，缝份倒向贴边一侧，压缝明线

前贴边（背面）

0.2

缝边角

后贴边（正面）

前身片（背面）

后身片（正面）

❻处理袖口

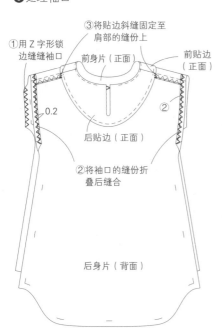

①用Z字形锁边缝缝袖口

③将贴边斜缝固定至肩部的缝份上

前身片（正面）

前贴边（正面）

0.2

②

后贴边（正面）

②将袖口的缝份折叠后缝合

后身片（背面）

❼缝合两侧缝，处理下摆

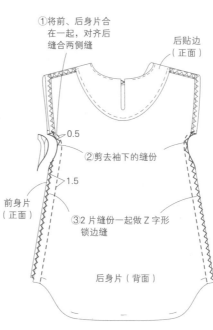

①将前、后身片合在一起，对齐后缝合两侧缝

后贴边（正面）

0.5

②剪去袖下的缝份

前身片（正面）

1.5

③2片缝份一起做Z字形锁边缝

后身片（背面）

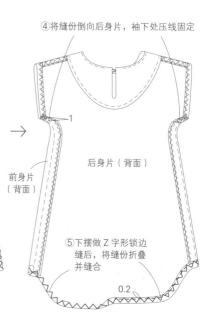

④将缝份倒向后身片，袖下处压线固定

1

前身片（背面）

⑤下摆做Z字锁边缝后，将缝份折叠并缝合

0.2

❽在身片中间穿入松紧带

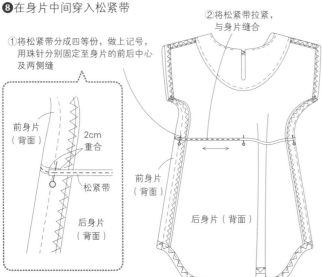

①将松紧带分成四等份，做上记号，用珠针分别固定至身片的前后中心及两侧缝

前身片（背面）

2cm重合

松紧带

②将松紧带拉紧，与身片缝合

前身片（背面）

后身片（背面）

❾钉上扣子

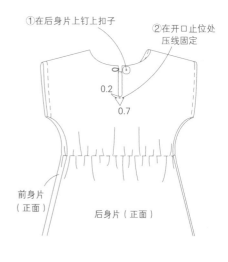

①在后身片上钉上扣子

②在开口止位处压线固定

0.2

0.7

前身片（正面）

后身片（正面）

无袖罩衫　P.18

成品尺寸（90/100/110/120/130cm）
胸围 58/62/66/70/74cm
衣长 30.5/34/37/40.5/44cm

材料（90/100/110/120/130cm）
• 带原色圆点图案的天然麻质面料 (CHECK & STRIPE)
110cm × 70/70/80/80/90cm
• 直径 1.5cm 的扣子 1 颗
• 黏合衬 110cm × 25cm

实物大纸型 C 面【15】
1– 前身片　2– 后身片　3– 前
贴边　4– 后贴边　5– 口袋布

适合的布料

平纹织布、巴里纱、密织平纹布、
薄亚麻布、薄棉麻布

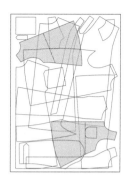

裁剪方法图

带原色圆点图案的天然麻质面料

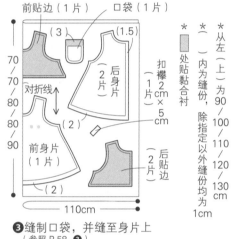

缝制方法顺序图

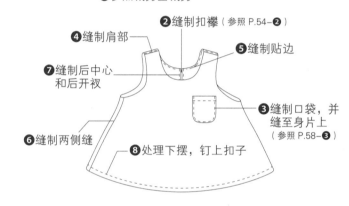

❸缝制口袋，并缝至身片上
（参照 P.58-❸）

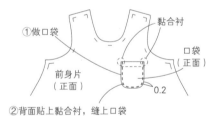

❹缝制肩部

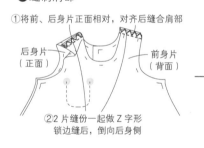
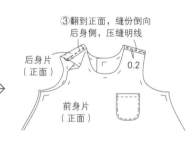

❺缝制贴边

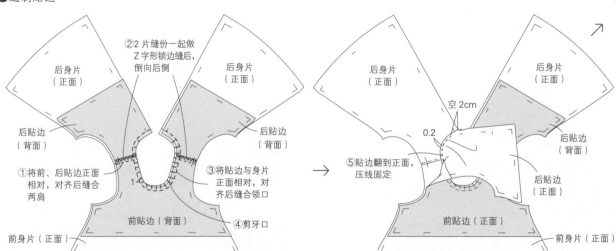

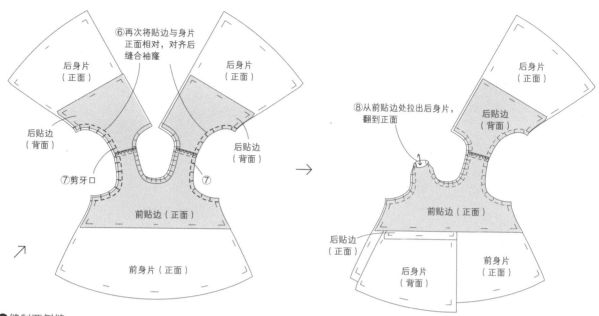

⑥再次将贴边与身片
正面相对，对齐后
缝合袖隆

后身片
（正面）

后身片
（正面）

后身片
（正面）

后身片
（正面）

后贴边
（背面）

后贴边
（背面）

⑧从前贴边处拉出后身片，
翻到正面

后贴边
（背面）

⑦剪牙口　⑦

前贴边（正面）

前贴边（正面）

后贴边
（正面）

前身片（正面）

后身片
（背面）

前身片
（正面）

❻缝制两侧缝

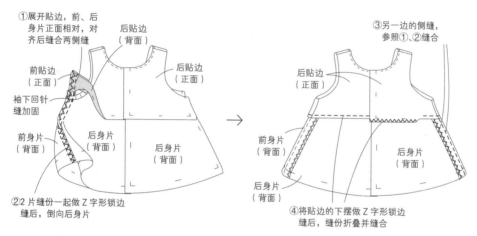

①展开贴边，前、后
身片正面相对，对
齐后缝合两侧缝

后贴边
（背面）

③另一边的侧缝，
参照①、②缝合

前贴边
（正面）

后身片
（正面）

后贴边
（正面）

后贴边
（正面）

袖下回针
缝加固

前身片
（背面）

后身片
（背面）

后身片
（背面）

前身片
（背面）

后身片
（背面）

②2片缝份一起做Z字形锁边
缝后，倒向后身片

④将贴边的下摆做Z字形锁边
缝后，缝份折叠并缝合

❼缝制后中心和后开衩

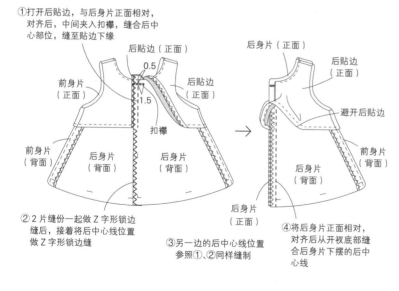

①打开后贴边，与后身片正面相对，
对齐后，中间夹入扣襻，缝合后中
心部位，缝至贴边下缘

后贴边（正面）

0.5

前身片
（正面）

后贴边
（正面）

后身片（正面）

后贴边
（正面）

1.5

扣襻

避开后贴边

前身片
（背面）

后身片
（背面）

后身片
（背面）

后身片
（背面）

前身片
（背面）

后身片
（正面）

②2片缝份一起做Z字形锁边
缝后，接着将后中心线位置
做Z字形锁边缝

③另一边的后中心线位置
参照①、②同样缝制

④将后身片正面相对，
对齐后从开衩底部缝
合后身片下摆的后中
心线

❽处理下摆，钉上扣子

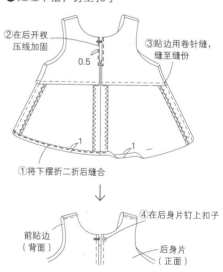

②在后开衩
压线加固

0.5

③贴边用卷针缝，
缝至缝份

1

1

①将下摆折二折后缝合

④在后身片钉上扣子

前贴边
（背面）

后身片
（正面）

背带裤　P.18
灯笼裤　P.27

成品尺寸（80/90/100/110/120/130cm）
衣长 37/40.5/44.5/50.5/56.5/62.5cm

材料
（背带裤）（90/100/110/120/130cm）
· 天然棉质丝光卡其布（CHECK & STRIPE）
110cm×100/120/130/150/150cm
· 直径 2cm 的扣子 4 颗，直径 1.2cm 的扣子 2 颗
· 松紧带
1.5cm×42/44/46/49/52cm（随腰围尺寸调节）
· 斜纹织带 1cm×7cm
（灯笼裤）（80/90/100/110/120/130cm）
· 灯芯绒
110cm×60/70/70/80/150/150cm
· 直径 1.5cm 的扣子 3 颗
· 松紧带 1cm×42/44/46/49/52cm
（随腰围尺寸调节）
· 松紧带 0.4cm×25cm　2 根

实物大纸型 D 面
【21】背带裤
1– 前、后裤片　2– 口袋
3– 背带
【20】灯笼裤
1– 前、后裤片

适合的布料
中厚棉质帆布、中厚亚麻布、
棉麻布、丝光卡其布、斜纹布、
薄牛仔布、灯芯绒

缝制方法顺序图
❶参照裁剪图裁剪

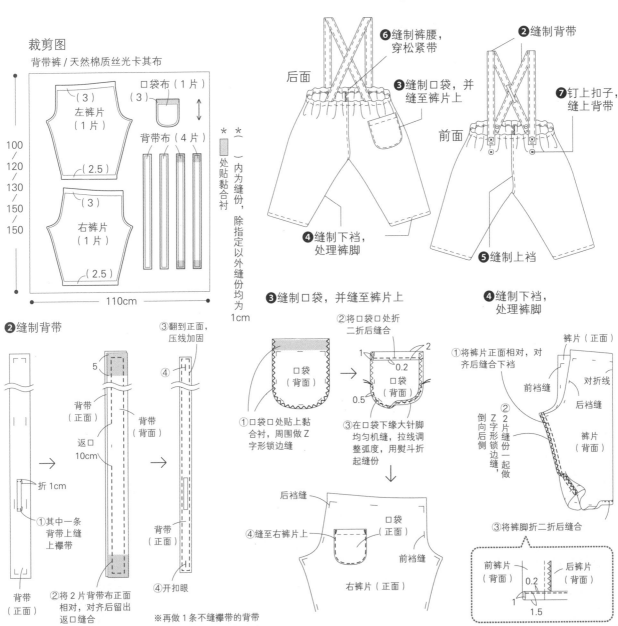

裁剪图
背带裤 / 天然棉质丝光卡其布

❷缝制背带

❺缝制上裆

①左、右裤片正面相对，对齐后缝合上裆，
2 片缝份一起做 Z 字形锁边缝（在前裆
缝留出松紧带穿孔）

③将前裆缝的缝份
分开，压线固定

④后裆缝的缝份倒向左侧，翻到正面，
压线固定

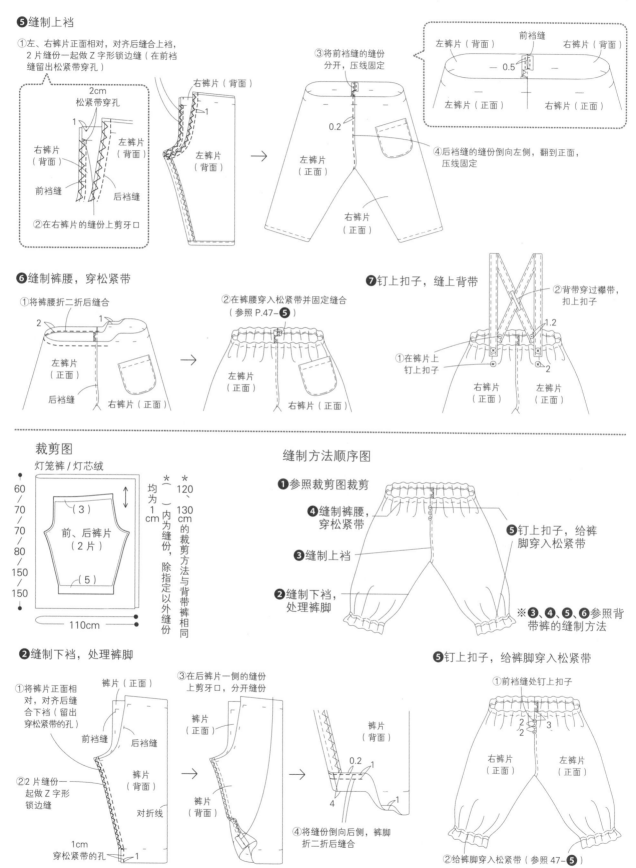

❻缝制裤腰，穿松紧带

①将裤腰折二折后缝合

②在裤腰穿入松紧带并固定缝合
（参照 P.47-❺）

❼钉上扣子，缝上背带

②背带穿过襻带，
扣上扣子

①在裤片上
钉上扣子

裁剪图

灯笼裤 / 灯芯绒

* （ ）内为缝份，除指定以外缝份均为 1 cm

*120、130 cm 的裁剪方法与背带裤相同

前、后裤片
（2 片）

110cm

缝制方法顺序图

❶参照裁剪图裁剪

❹缝制裤腰，
穿松紧带

❸缝制上裆

❷缝制下裆，
处理裤脚

❺钉上扣子，给裤
脚穿入松紧带

※❸、❹、❺、❻参照背
带裤的缝制方法

❷缝制下裆，处理裤脚

①将裤片正面相
对，对齐后缝
合下裆（留出
穿松紧带的孔）

前裆缝

后裆缝

裤片
（正面）

裤片
（背面）

对折线

②2 片缝份一
起做 Z 字形
锁边缝

1cm
穿松紧带的孔

③在后裤片一侧的缝份
上剪牙口，分开缝份

裤片
（正面）

裤片
（背面）

④将缝份倒向后侧，裤脚
折二折后缝合

裤片
（背面）

❺钉上扣子，给裤脚穿入松紧带

①前裆缝处钉上扣子

右裤片
（正面）

左裤片
（正面）

②给裤脚穿入松紧带（参照 47-❺）

船形领 T 恤　P.20

成品尺寸（90/100/110/120/130cm）
胸围 63/67/70/73/77cm
衣长 33/35/38/41/44cm

材料（90/100/110/120/130cm）
· 厚针织条纹布
75cm × 100/110/120/150/150cm
· 单胶条形黏合衬
1cm × 90/100/110/120/130cm

实物大纸型 B 面【8】
1– 前身片　2– 后身片
3– 袖片

适合的布料
平针织布

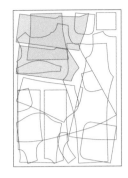

裁剪图

厚针织条纹布

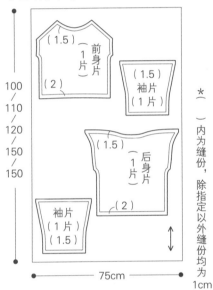

100
/
110
/
120
/
150
/
150

（1.5）
前身片
（1片）
（2）

（1.5）
袖片
（1片）

（1.5）
后身片
（1片）
（2）

袖片
（1片）
（1.5）

75cm

＊（　）内为缝份，除指定以外缝份均为 1cm

缝制方法顺序图

❶参照裁剪图裁剪

❷将各个部位均做 Z 字形锁边缝

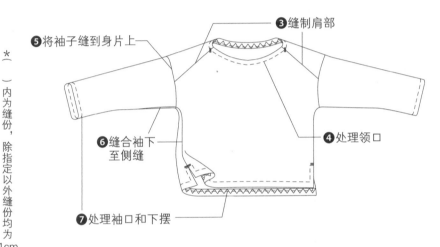

❸缝制肩部

❺将袖子缝到身片上

❹处理领口

❻缝合袖下至侧缝

❼处理袖口和下摆

❷将各个部位均做 Z 字形锁边缝

〈前身片〉

①领口和两肩的缝份上，贴上单胶条形黏合衬

单胶条形黏合衬

②

前身片
（背面）

②将领口、肩部、下摆均做 Z 字形锁边缝

〈后身片〉

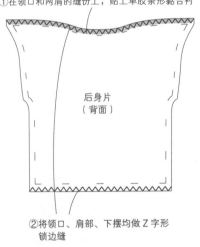

①在领口和两肩的缝份上，贴上单胶条形黏合衬

后身片
（背面）

②将领口、肩部、下摆均做 Z 字形锁边缝

〈袖子〉

袖子
（正面）

袖口做 Z 字形锁边缝

❸缝制两肩

①前、后身片正面相对对齐后，缝合两肩。
脖颈边缘受力较大，用回针缝加固

后身片
（背面）

1

缝合至完成线为止

②分开缝份

前身片
（背面）

后身片（正面）

❹处理领口

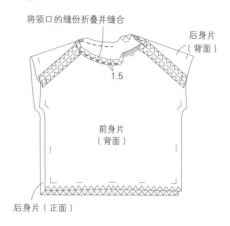

将领口的缝份折叠并缝合

后身片
（背面）

1.5

前身片
（背面）

后身片（正面）

❺将袖子缝到身片上

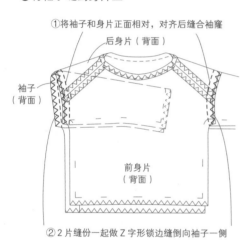

①将袖子和身片正面相对，对齐后缝合袖窿

后身片（背面）

袖子
（背面）

前身片
（背面）

②2片缝份一起做 Z 字形锁边缝倒向袖子一侧

❻缝合袖下至侧缝

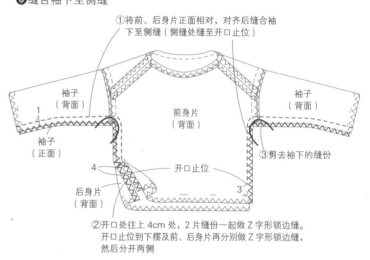

①将前、后身片正面相对，对齐后缝合袖
下至侧缝（侧缝处缝至开口止位）

袖子
（背面）

袖子
（背面）

前身片
（背面）

1

袖子
（正面）

③剪去袖下的缝份

4

开口止位

后身片
（背面）

3

②开口处往上 4cm 处，2 片缝份一起做 Z 字形锁边缝。
开口止位到下摆及前、后身片再分别做 Z 字形锁边缝，
然后分开两侧

❼处理袖口和下摆

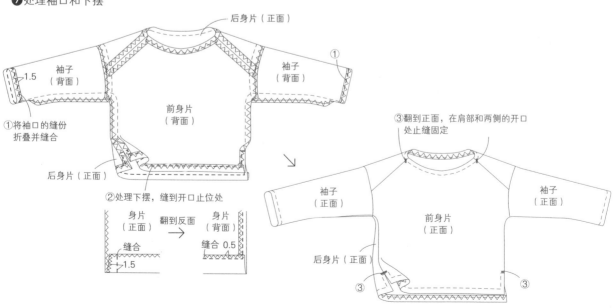

后身片（正面）

袖子
（背面）

1.5

①

袖子
（背面）

①将袖口的缝份
折叠并缝合

前身片
（背面）

后身片（正面）

②处理下摆，缝到开口止位处

身片
（正面）

缝合

1.5

翻到反面

身片
（背面）

缝合 0.5

③翻到正面，在肩部和两侧的开口
处止缝固定

袖子
（正面）

袖子
（正面）

前身片
（正面）

后身片（正面）

③

③

休闲西裤 　P.20、23

成品尺寸（90/100/110/120/130cm）
衣长 42/46/52/58/64cm

材料（90/100/110/120/130cm）
• 棉布 HOLIDAY（CHECK & STRIPE）
110cm×120/120/130/140/150cm
• 松紧带 2cm×42/44/46/49/52cm（随腰围尺寸调节）
• 直径 1.5cm 的扣子 3 颗
• 单胶条形黏合衬 1cm×30cm

实物大纸型 A 面【3】
1– 前裤片　2– 后裤片　3– 前
口袋袋布　4– 后口袋袋布
5– 后育克

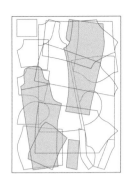

适合的布料

丝光卡其布、印花纯棉布、薄
或中厚的棉布、棉麻帆布、亚
麻布

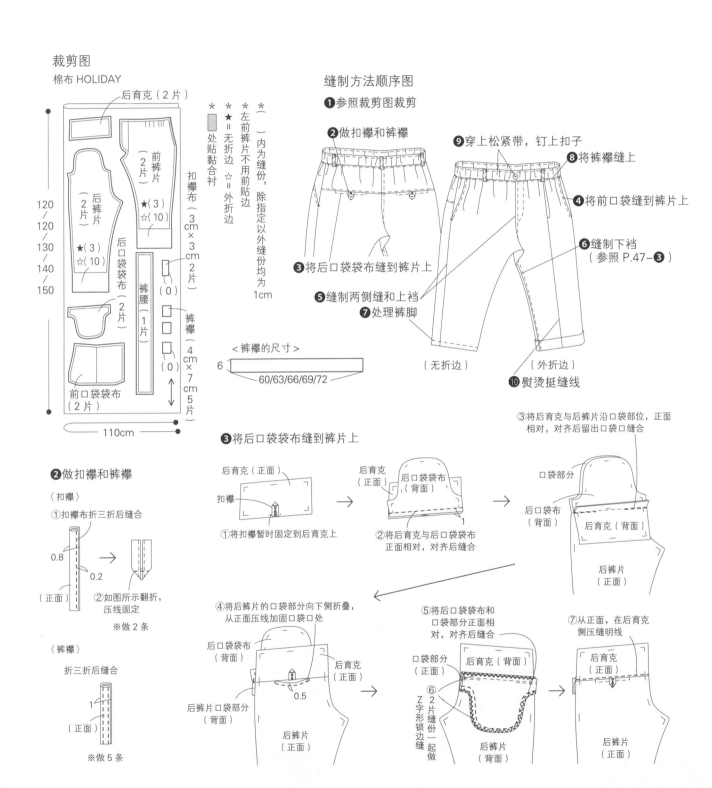

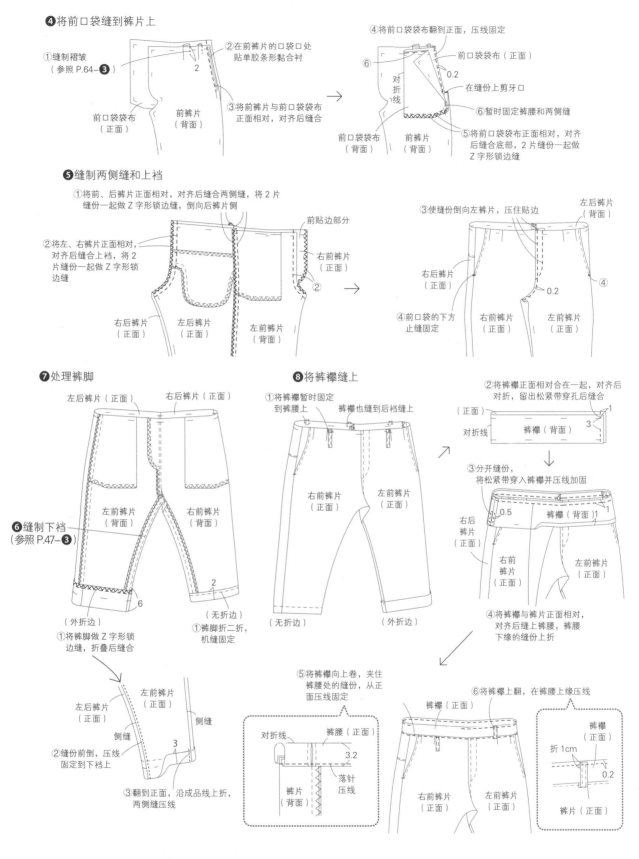

❹将前口袋缝到裤片上

①缝制褶皱
（参照 P.64-❸）

②在前裤片的口袋口处
贴单胶条形黏合衬

③将前裤片与前口袋袋布
正面相对，对齐后缝合

前口袋袋布
（正面）

前裤片
（背面）

④将前口袋袋布翻到正面，压线固定

前口袋袋布（正面）

0.2

在缝份上剪牙口

⑥暂时固定裤腰和两侧缝

⑤将前口袋袋布正面相对，对齐
后缝合底部，2 片缝份一起做
Z 字形锁边缝

对折线

前口袋袋布
（背面）

前裤片
（背面）

❺缝制两侧缝和上裆

①将前、后裤片正面相对，对齐后缝合两侧缝，将 2 片
缝份一起做 Z 字形锁边缝，倒向后裤片侧

②将左、右裤片正面相对，
对齐后缝合上裆，将 2
片缝份一起做 Z 字形锁
边缝

前贴边部分

右前裤片
（正面）

②

右后裤片
（正面）

左后裤片
（正面）

左前裤片
（背面）

③使缝份倒向左裤片，压住贴边

左后裤片
（背面）

右后裤片
（正面）

0.2

④

④前口袋的下方
止缝固定

右前裤片
（正面）

左前裤片
（正面）

❼处理裤脚

左后裤片（正面）

右后裤片（正面）

左前裤片
（背面）

右前裤片
（背面）

❻缝制下裆
（参照 P.47-❸）

2

6

（外折边）

（无折边）

①将裤脚做 Z 字形锁
边缝，折叠后缝合

①裤脚折二折，
机缝固定

左前裤片
（正面）

左后裤片
（正面）

侧缝

侧缝

3

②缝份前倒，压线
固定到下裆上

③翻到正面，沿成品线上折，
两侧缝压线

❽将裤襻缝上

①将裤襻暂时固定
到裤腰上

裤襻也缝到后裆缝上

右前裤片
（正面）

左前裤片
（正面）

（无折边）

（外折边）

②将裤襻正面相对合在一起，对齐后
对折，留出松紧带穿孔后缝合

（正面）

对折线

裤襻（背面）

1

3

③分开缝份，
将松紧带穿入裤襻并压线加固

右后
裤片
（正面）

0.5

裤襻（背面）

1

右前
裤片
（正面）

左前
裤片
（正面）

④将裤襻与裤片正面相对，
对齐后缝上裤腰，裤腰
下缘的缝份上折

⑤将裤襻向上卷，夹住
裤腰处的缝份，从正
面压线固定

对折线

裤腰（正面）

3.2

落针
压线

裤片
（背面）

⑥将裤襻上翻，在裤腰上缘压线

裤襻（正面）

右前裤片
（正面）

左前裤片
（正面）

裤襻
（正面）

折 1cm

0.2

裤片（正面）

法式褶皱罩衫　　P.23

成品尺寸（90/100/110/120/130cm）
胸围 100/102/108/112/118cm
衣长 37/40/44/48/51cm

材料（90/100/110/120/130cm）
· 薄纯棉布（CHECK & STRIPE）
110cm × 80/90/100/120/120cm
· 直径 1.5cm 的扣子 1 颗
· 黏合衬 40cm × 40cm

实物大纸型 D 面【19】

1- 前身片　2- 后身片　3- 前贴
边　4- 后贴边

适合的布料

平纹织布、薄棉麻布、密织平
纹布、薄亚麻布、宽幅平纹布

裁剪图
薄纯棉布

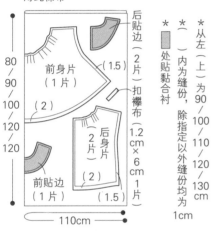

后贴边（2片）扣襻布
前贴边（2片）

80／90／100／120／120

前身片（1片）
（2）（1.5）

后身片（2片）（2）

前贴边（1片）（1.5）

← 110cm →

★ 处贴黏合衬

※（　）内为缝份，除指定以外缝份均为 1cm

※从左（上）为 90／100／110／120／130cm

扣襻布 1.2cm×6cm 1片

裁剪方法顺序图

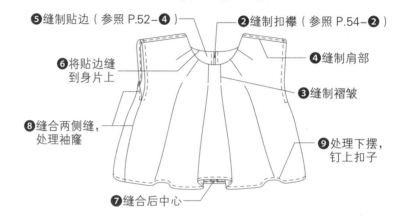

❶ 参照裁剪图裁剪

❺ 缝制贴边（参照 P.52-❹）

❷ 缝制扣襻（参照 P.54-❷）

❻ 将贴边缝到身片上

❹ 缝制肩部

❸ 缝制褶皱

❽ 缝合两侧缝，处理袖窿

❾ 处理下摆，钉上扣子

❼ 缝合后中心

❸ 缝制褶皱

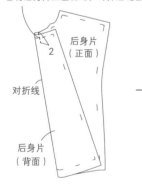

①将后身片正面相对，对齐后缝合

2
对折线
后身片（正面）
后身片（背面）

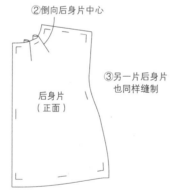

②倒向后身片中心

后身片（正面）

③另一片后身片也同样缝制

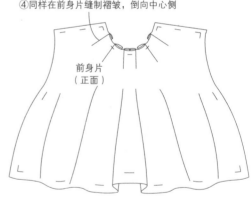

④同样在前身片缝制褶皱，倒向中心侧

前身片（正面）

❹ 缝制肩部

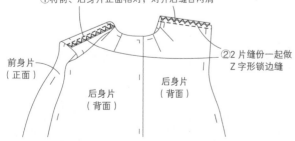

①将前、后身片正面相对，对齐后缝合两肩

前身片（正面）
后身片（背面）
后身片（背面）

②2 片缝份一起做 Z 字形锁边缝

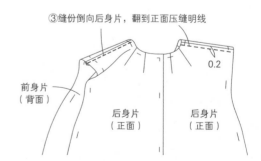

③缝份倒向后身片，翻到正面压缝明线

0.2

前身片（背面）
后身片（正面）
后身片（正面）

❻将贴边缝到身片上

①将贴边和身片正面相对，对齐后夹进扣襻，缝制领口和后中心

②剪去多余的缝份

0.5

0.5

1.5

前贴边（正面）

后贴边（背面）

后贴边（背面）

后贴边（背面）

扣襻

前身片（背面）

后身片（正面）

后身片（正面）

③在领口的缝份上剪牙口，剪去边角

后贴边（背面）

后贴边（背面）

后贴边（背面）

前身片（背面）

后身片（正面）

后身片（正面）

④将后身片中心的布边做 Z 字形锁边缝

⑤将贴边翻到正面，缝份倒向贴边一侧，压缝明线

前贴边（正面）

后身片（背面）

后贴边（正面）

0.2

后贴边（正面）

前身片（背面）

后身片（正面）

后身片（正面）

❽缝合两侧缝，处理袖窿

①将身片两侧缝至袖窿做 Z 字形锁边缝

后贴边（正面）

前贴边（正面）

前身片（正面）

②将前、后身片正面相对，对齐后缝合两侧缝至止缝处

止缝处 回针缝缝 3 次

止缝处

后身片（背面）

后身片（背面）

❼缝合后中心

③在开衩位置压缝明线

后贴边（正面）

前贴边（正面）

前身片（正面）

0.5

开口止位

②分开缝份

①将后身片正面相对，对齐后缝合后中心线到开口止位

后身片（背面）

后身片（背面）

④将袖窿折二折后缝合

后贴边（正面）

前身片（背面）

0.7

0.8

后身片（背面）

侧缝

④

袖下自然内卷

后身片（背面）

⑤分开缝份至开口止位

❾处理下摆，钉上扣子

后贴边（正面）

①将贴边缝到肩部

前身片（背面）

后身片（背面）

后身片（背面）

②下摆折二折后缝合

1

0.2

1

③翻到正面，在后身片钉上扣子

③

后身片（正面）

后身片（正面）

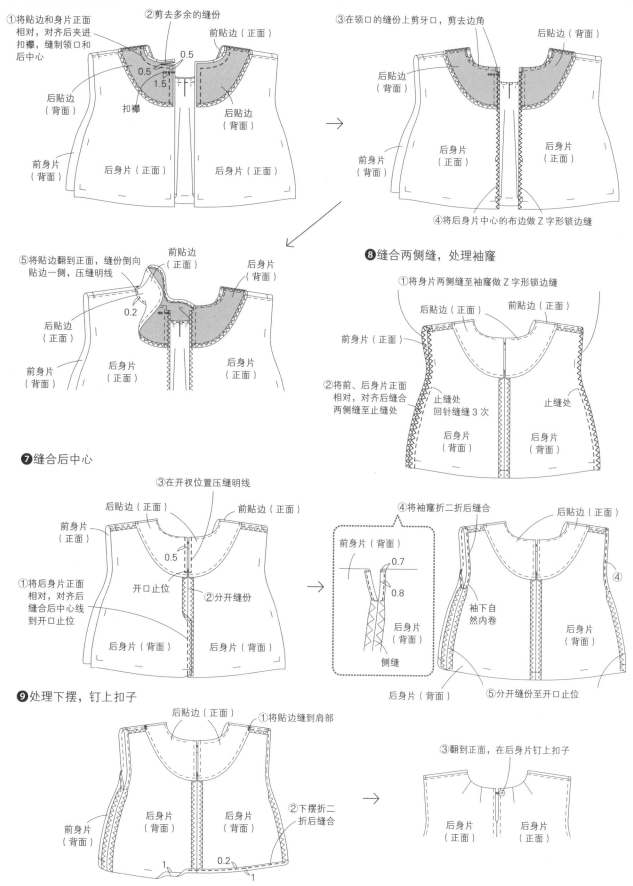

交领罩衫　P.25

成品尺寸（90/100/110/120/130cm）
胸围 58/62/66/70/74/cm
衣长 29/32.5/36/39/42cm

材料（90/100/110/120/130cm）
• 棉麻粗纹布（HARU）
110cm × 30/40/50/50/60cm
• 棉质蕾丝花边（MYMAMA）
5.5cm × 210/220/230/240/255cm
• 直径 1.5cm 的扣子 2 颗

实物大纸型 D 面【18】
1– 前身片　2– 后身片
3– 袖子

适合的布料
薄棉麻布、薄亚麻布

裁剪图

棉麻粗纹布

扣襻（1cm×5cm 2 片）
（0）

滚边布（2 片）

31/32/3/34/35
（0）
2.5

30
/40
/50
/50
/60

后身片
（1 片）

右前身片
（1 片）

左前身片
（1 片）

110cm

蕾丝花边

袖子（2 片）
5.5
扇形蕾丝花边
50

*从左（上）为
90/100/110/120/130cm
*（ ）内为缝份，除指定以外缝份
均为 1cm

缝制方法顺序图

❶ 参照裁剪图裁剪

❻ 缝制袖子

❸ 缝制肩部和两侧缝

❹ 在领口加蕾丝花边

❷ 缝制扣襻
（参照 P.54-❷）

❺ 在下摆加蕾丝花边

❼ 钉上扣子

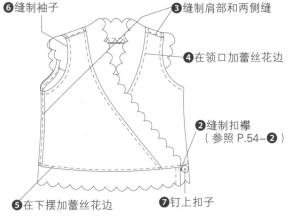

❸ 缝制肩部和两侧缝

① 将前、后身片正面相对，对齐后缝合肩部和两侧缝

后身片（正面）

后身片（正面）

② 2 片缝份一起做 Z 字形锁边缝，倒向后身片侧

前身片（背面）

前身片（背面）

②

①

①

后身片（背面）

后身片（背面）

0.2

③

③ 翻到正面，缝份倒向后身片，压缝明线

0.2

前身片（正面）

前身片（正面）

后身片（正面）

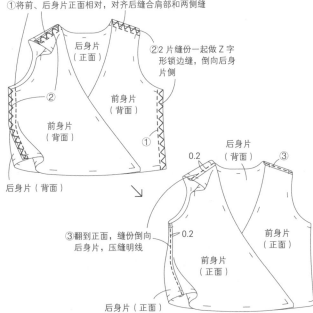

❹ 在领口加蕾丝花边

① 将蕾丝花边与身片正面相对，对齐后缝制领口

③ 缝份倒向身片侧，压缝明线

蕾丝花边（正面）

前身片（正面）

0.2

后身片（背面）

前身片（背面）

1

④ 剪去多余的蕾丝花边

前身片（正面）

② 2 片缝份一起做 Z 字形锁边缝

蕾丝花边（背面）

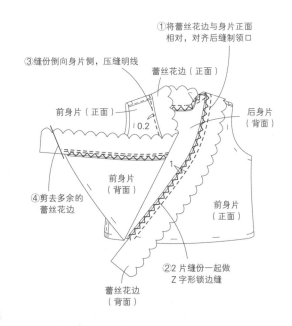

❺在下摆加蕾丝花边

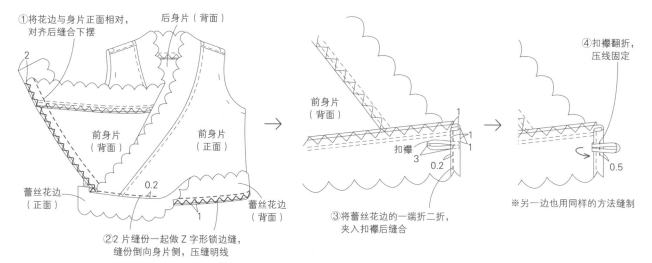

①将花边与身片正面相对，对齐后缝合下摆

后身片（背面）

前身片（背面）

前身片（正面）

0.2

蕾丝花边（正面）

蕾丝花边（背面）

②2片缝份一起做Z字形锁边缝，缝份倒向身片侧，压缝明线

前身片（背面）

扣襻

③将蕾丝花边的一端折二折，夹入扣襻后缝合

④扣襻翻折，压线固定

0.5

※另一边也用同样的方法缝制

❻缝制袖子

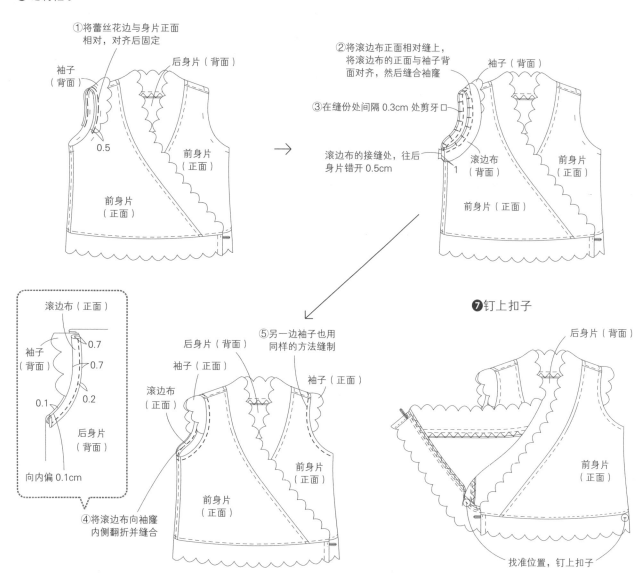

①将蕾丝花边与身片正面相对，对齐后固定

袖子（背面）

后身片（背面）

前身片（正面）

0.5

前身片（正面）

②将滚边布正面相对缝上，将滚边布的正面与袖子背面对齐，然后缝合袖窿

③在缝份处间隔0.3cm处剪牙口

滚边布的接缝处，往后身片错开0.5cm

袖子（背面）

滚边布（背面）

前身片（正面）

前身片（正面）

滚边布（正面）

袖子（背面）

0.7

0.7

0.1

0.2

后身片（背面）

向内偏0.1cm

④将滚边布向袖窿内侧翻折并缝合

⑤另一边袖子也用同样的方法缝制

后身片（背面）

袖子（正面）

滚边布（正面）

前身片（正面）

❼钉上扣子

后身片（背面）

前身片（正面）

找准位置，钉上扣子

衬裙　　P.9
百褶裙　　P.25

成品尺寸（90/100/110/120/130cm）
衣长 28/31/33/36/39cm

适合的布料

平纹织布、薄棉麻布、
密织平纹布、薄亚麻布、
宽幅平纹布

材料（90/100/110/120/130cm）
< 百褶裙 >
・印花布 Peacock Feather 110cm×70/80/80/90/90cm
・直径 1.2cm 的扣子 3 颗
< 衬裙 >
・扇形花纹蕾丝布 110cm×100/110/110/120/120cm
・喜欢的装饰 1 个
< 通用 >
・松紧带 1.5cm×42/44/46/49/52cm（随腰围尺寸调节）

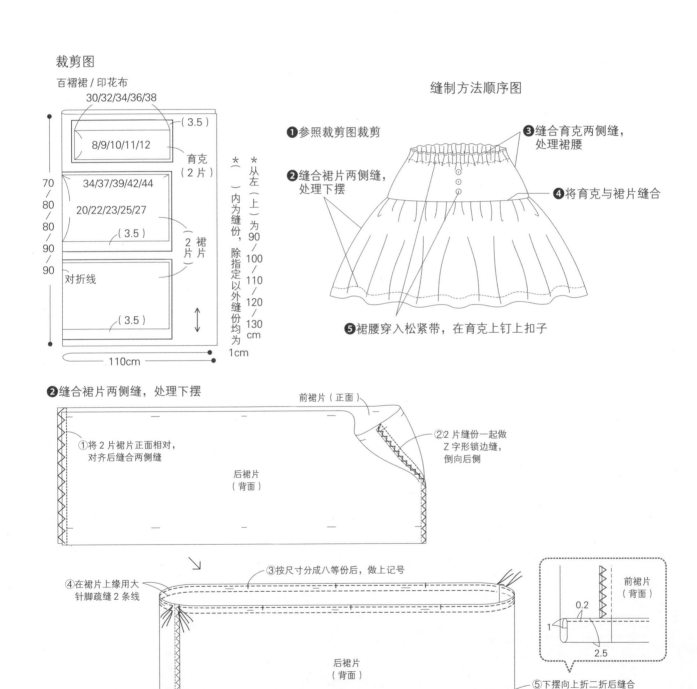

裁剪图

百褶裙 / 印花布
30/32/34/36/38

（3.5）

8/9/10/11/12

育克
（2 片）

70
80
80
90
90

34/37/39/42/44

20/22/23/25/27

（3.5）

2 片

裙片

对折线

（3.5）

＊（　）内为缝份，除指定以外缝份均为 1cm
＊从左（上）为 90/100/110/120/130cm

110cm

缝制方法顺序图

❶参照裁剪图裁剪

❷缝合裙片两侧缝，处理下摆

❸缝合育克两侧缝，处理裙腰

❹将育克与裙片缝合

❺裙腰穿入松紧带，在育克上钉上扣子

❷缝合裙片两侧缝，处理下摆

前裙片（正面）

①将 2 片裙片正面相对，对齐后缝合两侧缝

②2 片缝份一起做 Z 字形锁边缝，倒向后侧

后裙片（背面）

④在裙片上缘用大针脚疏缝 2 条线

③按尺寸分成八等份后，做上记号

后裙片（背面）

前裙片（背面）

0.2
1
2.5

⑤下摆向上折二折后缝合

❸缝合育克两侧缝，处理裙腰

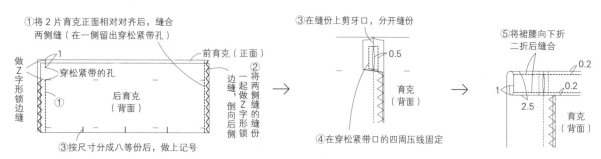

①将2片育克正面相对对齐后，缝合两侧缝（在一侧留出穿松紧带孔）

做Z字形锁边缝

穿松紧带的孔

前育克（正面）

②将两侧缝的缝份一起做Z字形锁，倒向后侧

后育克（背面）

③按尺寸分成八等份后，做上记号

③在缝份上剪牙口，分开缝份

0.5

育克（背面）

④在穿松紧带口的四周压线固定

⑤将裙腰向下折二折后缝合

0.2

0.2

1

2.5

育克（背面）

❹将育克与裙片缝合

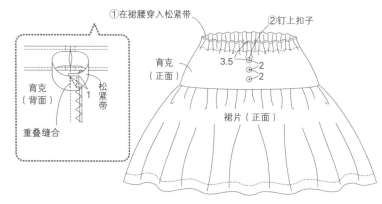

①将育克与裙片正面相对，对齐后抽褶并缝合（抽褶的制作方法参照 P.39）

后裙片（背面）

②2片缝份一起做Z字形锁边缝，倒向育克一侧

前育克（背面）

前裙片（正面）

❺裙腰穿入松紧带，在育克上钉上扣子

①在裙腰穿入松紧带

育克（背面）

松紧带

重叠缝合

1

②钉上扣子

育克（正面）

3.5

2

2

裙片（正面）

裁剪图

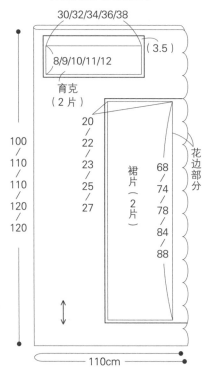

衬裙 / 扇形花纹蕾丝布

30/32/34/36/38

8/9/10/11/12

(3.5)

育克（2片）

20
22
23
25
27

68
74
78
84
88

裙片（2片）

花边部分

100
110
110
120
120

110cm

*（ ）内为缝份，除指定以外缝份均为1cm

＊从左（上）为 90/100/110/120/130cm

＊如果使用单边扇形蕾丝花边布，需要加倍的量

缝制方法顺序图

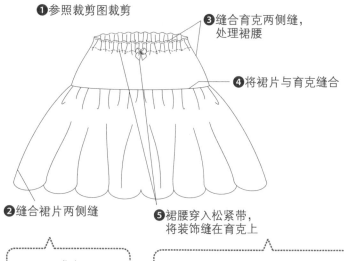

❶参照裁剪图裁剪

❸缝合育克两侧缝，处理裙腰

❹将裙片与育克缝合

❷缝合裙片两侧缝

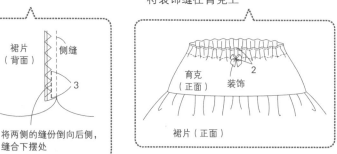

裙片（背面）

侧缝

3

将两侧的缝份倒向后侧，缝合下摆处

❺裙腰穿入松紧带，将装饰缝在育克上

育克（正面）

装饰

2

裙片（正面）

长袖 T 恤　P.27
泡泡袖 T 恤　P.27

成品尺寸（90/100/110/120/130cm）
胸围 51/55.5/59.5/63.5/67.5cm
衣长 36/39/42/46/50cm

材料（90/100/110/120/130cm）
（泡泡袖 T 恤）
· 松紧罗纹针织布 165cm×50/50/50/60/70cm
· 单胶条形黏合衬 1cm×60/60/60/70/70cm
（长袖 T 恤）
· 松紧罗纹针织布 110cm×90/90/100/120/120cm
· 单胶条形黏合衬 1cm×20cm

实物大纸型 B 面

【9】长袖 T 恤
【10】泡泡袖 T 恤

1– 前身片　2– 后身片
3– 袖子

适合的布料

罗纹针织布、松紧罗纹针织布、
平针织布（弹力大的）

裁剪图

泡泡袖 T 恤 / 松紧罗纹针织布　　领口布（1 片）
39/41/42/43/44
袖口布（2 片）
18/19/20/21/22

后身片（1 片）
前身片（1 片）
袖子（2 片）

165cm

＊从左（上）开始 90/100/110/120/130cm
＊（　）内为缝份，除指定以外缝份均为 1cm

缝制方法顺序图

❶ 参照裁剪图裁剪

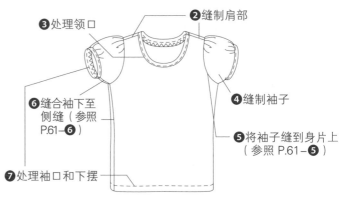

❸ 处理领口
❷ 缝制肩部
❹ 缝制袖子
❺ 将袖子缝到身片上（参照 P.61–❺）
❻ 缝合袖下至侧缝（参照 P.61–❻）
❼ 处理袖口和下摆

❷ 缝制肩部

①在后身片的两肩上，贴上单胶条形黏合衬

②将前、后身片正面相对，对齐后缝合肩部

③2 片缝份一起做 Z 字形锁边缝，倒向后身侧

后身片（背面）

前身片（背面）

领口布（正面）
0.7
0.2
身片（正面）

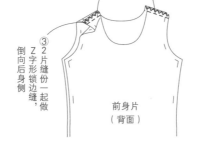

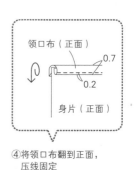

❸ 处理领口

①将领口布一边的布边做 Z 字形锁边缝

②将领口布正面相对，对折缝合，分开缝份

领口布（背面）
对折线
1
（正面）

③将领口布与身片正面相对，对齐后缝合领口
0.5

④将领口布翻到正面，压线固定

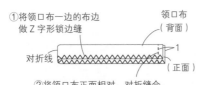

❹缝制袖子

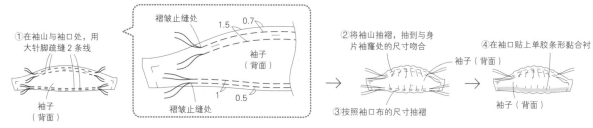

①在袖山与袖口处，用大针脚疏缝 2 条线

褶皱止缝处　1.5　0.7

袖子（背面）

袖子（背面）

褶皱止缝处　1　0.5

②将袖山抽褶，抽到与身片袖窿处的尺寸吻合

③按照袖口布的尺寸抽褶

袖子（背面）

④在袖口贴上单胶条形黏合衬

袖子（背面）

❼处理袖口和下摆

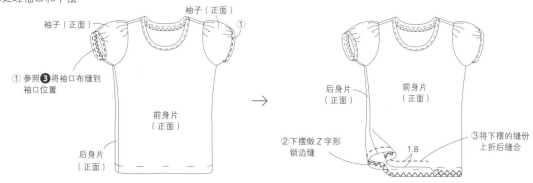

袖子（正面）

袖子（正面）　①

①参照❸将袖口布缝到袖口位置

前身片（正面）

后身片（正面）

后身片（正面）

前身片（正面）

②下摆做 Z 字形锁边缝　1.8

③将下摆的缝份上折后缝合

裁剪图

长袖 T 恤 / 松紧罗纹针织布

90 / 90 / 100 / 120 / 120

对折线（2）

后身片（1 片）（0）

袖子（2 片）（1.5）

前身片（1 片）（0）

（2）（0）

领口布（1 片）

110cm

＊从左（上）为 90/100/110/120/130cm
＊领口布的尺寸与泡泡袖 T 恤的相同
＊（　）内为缝份，除指定以外缝份均为 1cm

缝制方法顺序图

❶参照裁剪图裁剪

❷缝制肩部

❸处理领口

❺将袖子缝到身片上（参照 P.61-❺）

❹缝制袖子

❻缝合袖下至侧缝（参照 P.61-❻）

❼处理袖口和下摆

袖子（正面）

1.3

②将袖口缝份上折后缝合

①将袖口做 Z 字形锁边缝

※❷～❹、❼可参照泡泡袖 T 恤的缝制方法

71

开襟外套　P.30

成品尺寸（90/100/110/120/130cm）
胸围 64/68/72/76/80cm
衣长 44/47/50/53/56cm

材料（90/100/110/120/130cm）
• 双层纱布
110cm × 150/160/170/200/210cm
• 单胶条形黏合衬 1cm × 22cm
• 斜纹织带 0.5cm × 25cm（90、100cm）/0.5cm × 30cm(110~130cm) 4 根

实物大纸型 A 面【4】
1– 前身片　2– 后身片
3– 袖子　4– 口袋布

适合的布料
双层纱布、中厚亚麻布、中厚
棉麻布、斜纹布

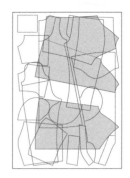

裁剪图
双层纱布

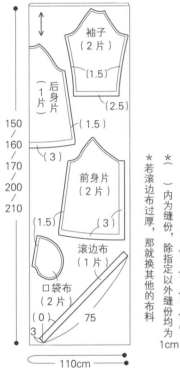

150
/
160
/
170
/
200
/
210

袖子
（2 片）
(1.5)
(2.5)

后身片
（1 片）
(1.5)
(3)

前身片
（2 片）
(1.5)
(3)

滚边布
（1 片）

口袋布
（2 片）
(0)　75
3

110cm

*若滚边布过厚，那就换成其他的布料

*（ ）内为缝份

*从左（上）为 90/100/110/120/130 cm 为

除指定以外缝份均为 1cm

缝制方法顺序图

❶参照裁剪图裁剪

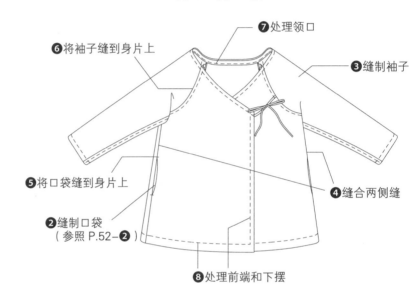

❼ 处理领口

❻将袖子缝到身片上

❸缝制袖子

❺将口袋缝到身片上

❹缝合两侧缝

❷缝制口袋
（参照 P.52-❷）

❽处理前端和下摆

❸缝制袖子

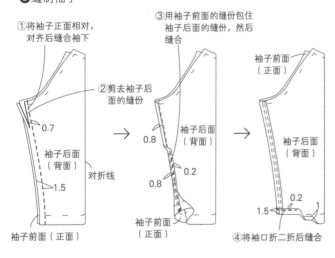

①将袖子正面相对，对齐后缝合袖下

③用袖子前面的缝份包住袖子后面的缝份，然后缝合

②剪去袖子后面的缝份

0.7
0.8
0.8
0.2
1.5
0.2　1

袖子前面（正面）
袖子后面（背面）
对折线
袖子前面（正面）
袖子后面（背面）
袖子前面（正面）
袖子后面（背面）

④将袖口折二折后缝合

❹缝合两侧缝

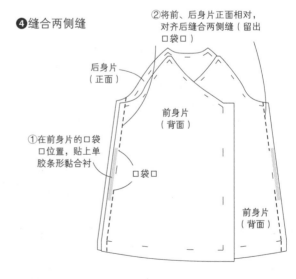

②将前、后身片正面相对，对齐后缝合两侧缝（留出口袋口）

后身片（正面）

前身片（背面）

①在前身片的口袋口位置，贴上单胶条形黏合衬

口袋口

前身片（背面）

❺将口袋缝到身片上

后身片（背面）
后身片（正面）
前身片（背面）
前身片（正面）

①分开两侧缝和口袋口的缝份，然后将口袋的缝份与两侧缝的缝份并到一起缝合

②缝份做Z字形锁边缝

③口袋布放在前身片一侧，压线固定

口袋布（正面）

④另一边也用同样的方法缝制

❻将袖子缝到身片上

①将左袖与左身片正面相对，对齐后夹入斜纹织带缝合

袖子（背面）
后身片（正面）
前身片（背面）

②2片缝份一起做Z字形锁边缝

后身片（背面）
前身片（背面）

④2片缝份一起做Z字形锁边缝，倒向身片一侧，夹入斜纹织带压线固定

袖子（背面）

③右袖与右身片正面相对，对齐后缝合

0.5
袖子（正面）

斜纹织带

袖子（正面）

⑤左袖窿的缝份倒向身片侧，压线固定（避开斜纹织带）

前身片（背面）

前身片（正面）

后身片（背面）

❼处理领口

①将身片与滚边布正面相对对齐后缝合，剪去多余部分

滚边布（背面）

前身片（正面）

②沿①的针脚将滚边布向外翻折，包住缝份缝合

后身片（背面）

向内偏0.1cm
滚边布（正面）
身片（背面）
1   1

身片（背面）
1   2

❽处理前端和下摆

1.5
0.2
0.5
0.5
0.5
0.2
1.5
③
②
斜纹织带
身片（背面）

②前端折二折夹入斜纹织带缝合

③将斜纹织带翻到外侧，压线固定

卷针缝固定

斜纹织带

前身片（正面）

折二折缝合

①下摆折二折后缝合

后身片（背面）

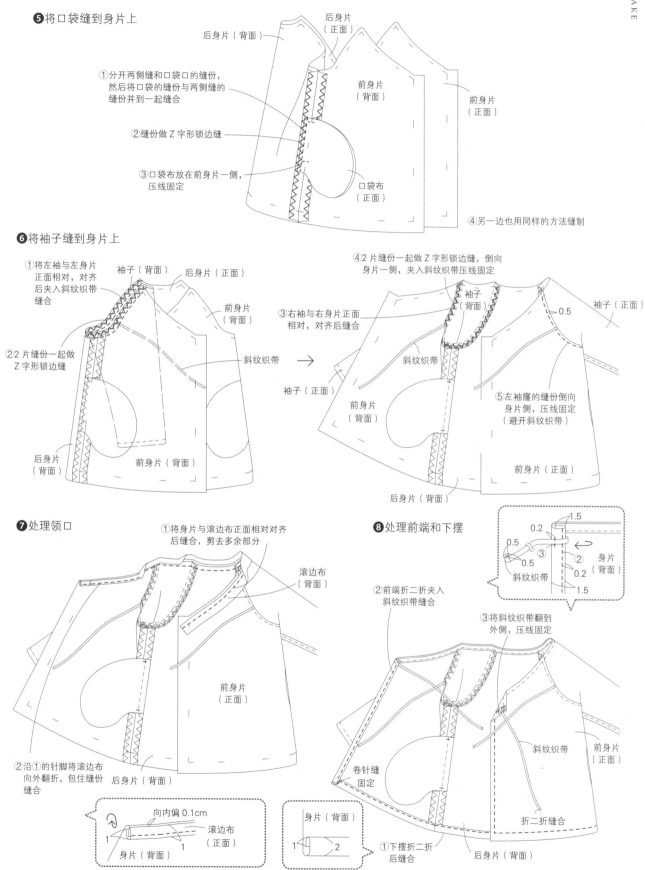

无领风衣　P.32

成品尺寸（90/100/110/120/130cm）
胸围 66/70/74/78/82cm
衣长 48.5/52/55/58.5/62cm

材料（90/100/110/120/130cm）
・亚麻斜纹布（CHECK & STRIPE）
　150cm×100/120/120/130/130cm
・印花布 80cm×60/60/70/70/70cm
・黏合衬 80cm×60/60/70/70/70cm
・直径 1.5cm 的扣子 2 颗
・直径 2cm 的扣子 7 颗
・直径 1cm 的扣子（作为固定扣）9 颗

实物大纸型 C 面【16】

1– 前身片　2– 后身片　3– 前贴
边　4– 后贴边　5– 外袖　6– 内
袖　7– 口袋　8– 肩襻　9– 袖襻

适合的布料

中厚亚麻布、中厚棉麻布、丝光
卡其布、斜纹布、羊毛布、帆布

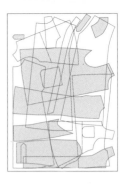

裁剪图

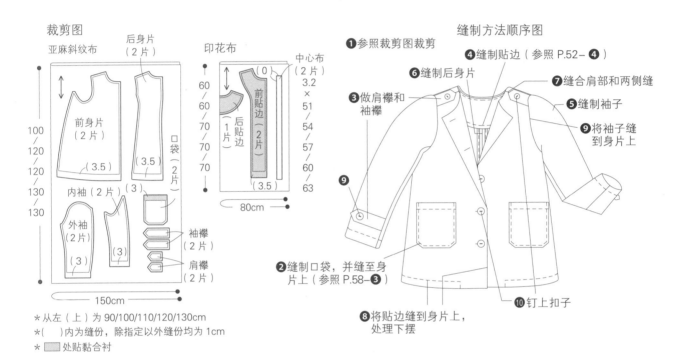

＊从左（上）为 90/100/110/120/130cm
＊（ ）内为缝份，除指定以外缝份均为 1cm
＊ ▨ 处贴黏合衬

缝制方法顺序图

❶参照裁剪图裁剪
❹缝制贴边（参照 P.52-❹）
❻缝制后身片
❸做肩襻和袖襻
❼缝合肩部和两侧缝
❺缝制袖子
❾将袖子缝到身片上
❷缝制口袋，并缝至身片上（参照 P.58-❸）
❽将贴边缝到身片上，处理下摆
❿钉上扣子

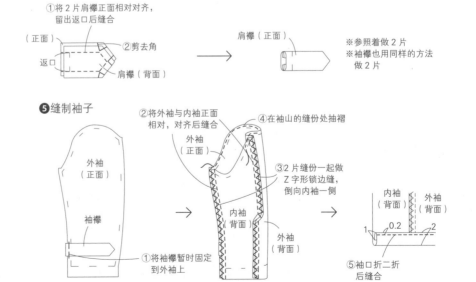

❻缝制后身片

③另一边后身片也用同样的方法缝制

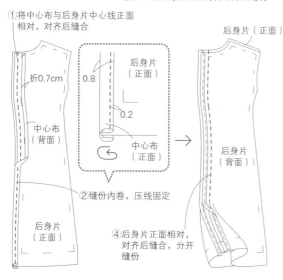

①将中心布与后身片中心线正面相对，对齐后缝合

折0.7cm

0.8

0.2

后身片（正面）

中心布（背面）

中心布（正面）

②缝份内卷，压线固定

后身片（正面）

后身片（背面）

④后身片正面相对，对齐后缝合，分开缝份

❼缝合肩部和两侧缝

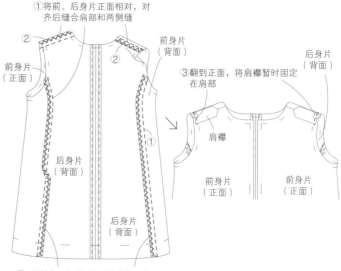

①将前、后身片正面相对，对齐后缝合肩部和两侧缝

②

②

前身片（正面）

前身片（背面）

后身片（背面）

后身片（背面）

①

③翻到正面，将肩襻暂时固定在肩部

肩襻

前身片（正面）

前身片（正面）

②2片缝份一起做Z字形锁边缝，倒向后身片

❽将贴边缝到身片上，处理下摆

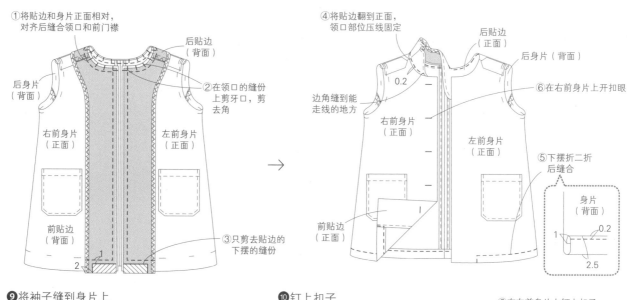

①将贴边和身片正面相对，对齐后缝合领口和前门襟

后贴边（背面）

后身片（背面）

②在领口的缝份上剪牙口，剪去角

右前身片（正面）

左前身片（正面）

前贴边（背面）

③只剪去贴边的下摆的缝份

1
2

④将贴边翻到正面，领口部位压线固定

后贴边（正面）

后身片（背面）

0.2

边角缝到能走线的地方

右前身片（正面）

左前身片（正面）

⑥在右前身片上开扣眼

⑤下摆折二折后缝合

前贴边（正面）

身片（背面）

1
0.2
2.5

❾将袖子缝到身片上

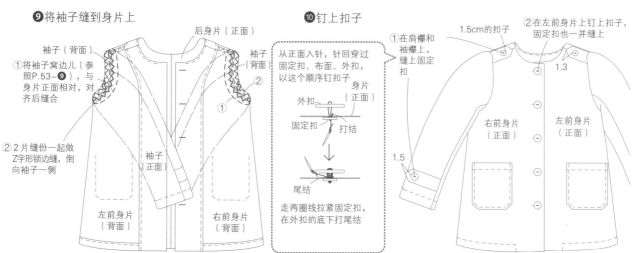

后身片（正面）

袖子（背面）

①将袖子窝边儿（参照P.53-❾），与身片正面相对，对齐后缝合

②2片缝份一起做Z字形锁边缝，倒向袖子一侧

袖子（背面）

②

①

袖子（正面）

左前身片（背面）

右前身片（背面）

❿钉上扣子

从正面入针，针回穿过固定扣、布面、外扣，以这个顺序钉扣子

外扣

身片（正面）

固定扣

打结

尾结

走两圈线拉紧固定扣，在外扣的底下打尾结

①在肩襻和袖襻上，缝上固定扣

1.5cm的扣子

②在左前身片上钉上扣子，固定扣也一并缝上

1.3

右前身片（正面）

左前身片（正面）

1.5

马甲　P.34

成品尺寸（90/100/110/120/130cm）
胸围 66/70/74/78/82cm
衣长 28/31/34.5/38/41cm

材料（90/100/110/120/130cm）
<春装马甲>
· 花鸟纹绣花布
110cm×40/40/40/50/50cm
· 素色亚麻布　110cm×40/40/40/50/50cm
· 直径 2cm 的扣子 3 颗
· 直径 1cm 的扣子（作为固定扣）3 颗
· 皮革绳 0.2cm×8cm
<冬装马甲>
· 长毛绒布　110cm×40/40/40/50/50cm
· 做旧麻织布 110cm×40/40/40/50/50cm
· 钩扣 1 组

实物大纸型 D 面【22】

1– 前身片　2– 后身片
3– 腰襻

适合做表布的面料
（春）中厚亚麻布、中厚棉麻布、
帆布、斜纹布
（冬）长毛绒布、起绒布、提花
针织布、毛圈羊羔绒

裁剪图（春装马甲）

表布 / 花鸟纹绣花布
里布 / 素色亚麻布

腰襻（2 片）
＊里布部分，缝份为 1cm，参照毛皮马甲

缝制方法顺序图

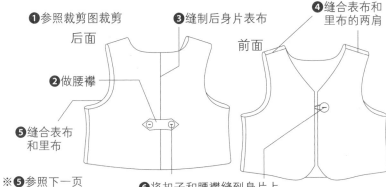

❶参照裁剪图裁剪
后面

❷做腰襻

❺缝合表布和里布

※❺参照下一页冬装马甲的❸

❸缝制后身片表布

前面

❹缝合表布和里布的两肩

❻将扣子和腰襻缝到身片上

❷做腰襻

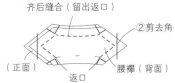

①两片腰襻布正面相对，对齐后缝合（留出返口）
②剪去角
（正面）
返口
腰襻（背面）
③翻到正面，卷针缝缝合返口
腰襻（正面）

❸缝制后身片表布

①将后身片表布正面相对，对齐后缝合
（正面）
后身片表布（背面）
②分开缝份

❹缝合表布和里布的两肩

①将扣襻对折，暂时固定在右前身片上
3
扣襻
后身片表布（正面）
②将前、后身片的表布正面相对，对齐后缝合双肩，缝份倒向后侧
前身片表布（背面）
前身片表布（背面）
右前身片表布（正面）
③里布也用同样的方法缝制

❻将扣子和腰襻缝到身片上

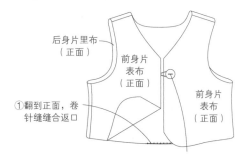

后身片里布（正面）
前身片表布（正面）
前身片表布（正面）
①翻到正面，卷针缝缝合返口
②在左前身片上钉上扣子（固定扣一并缝上）

前身片里布（正面）
后身片表布（正面）
腰襻
③在后身片上用扣子固定住腰襻（外扣背后的固定扣一并缝上）

裁剪图（冬装马甲）

表布 / 长毛绒布
里布 / 做旧麻织布

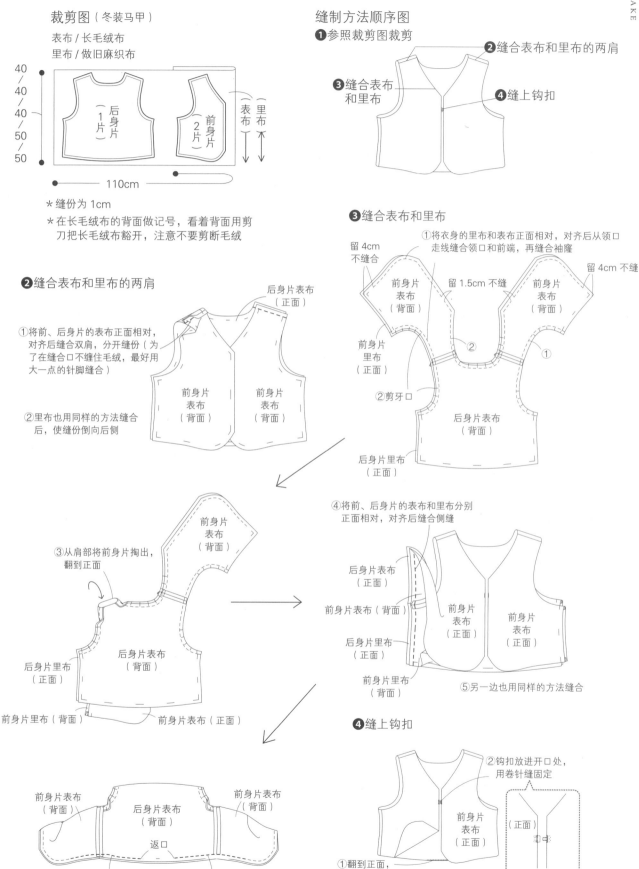

40
/
40
/
40
/
40
/
50
/
50

后身片
（1片）

前身片
（2片）

（表布）↓↑（里布）

← 110cm →

＊缝份为1cm

＊在长毛绒布的背面做记号，看着背面用剪
刀把长毛绒布豁开，注意不要剪断毛绒

❷缝合表布和里布的两肩

①将前、后身片的表布正面相对，
对齐后缝合双肩，分开缝份（为
了在缝合口不缠住毛绒，最好用
大一点的针脚缝合）

②里布也用同样的方法缝合
后，使缝份倒向后侧

后身片表布
（正面）

前身片
表布
（背面）

前身片
表布
（背面）

③从肩部将前身片掏出，
翻到正面

前身片
表布
（背面）

后身片表布
（背面）

后身片里布
（正面）

前身片里布（背面）　前身片表布（正面）

前身片表布
（背面）

前身片表布
（背面）

后身片表布
（背面）

返口

⑥再一次将身片正面相对，对齐后
缝合下摆（留出返口）

缝制方法顺序图

❶参照裁剪图裁剪

❷缝合表布和里布的两肩

❸缝合表布
和里布

❹缝上钩扣

❸缝合表布和里布

①将衣身的里布和表布正面相对，对齐后从领口
走线缝合领口和前端，再缝合袖窿

留4cm
不缝合

前身片
表布
（背面）

留1.5cm 不缝

前身片
表布
（背面）

留4cm 不缝

前身片
里布
（正面）

②

①

②剪牙口

后身片表布
（背面）

后身片里布
（正面）

④将前、后身片的表布和里布分别
正面相对，对齐后缝合侧缝

后身片表布
（正面）

前身片表布（背面）

前身片
表布
（正面）

前身片
表布
（正面）

后身片里布
（正面）

前身片里布
（背面）

⑤另一边也用同样的方法缝合

❹缝上钩扣

②钩扣放进开口处，
用卷针缝固定

前身片
表布
（正面）

（正面）

①翻到正面，
用卷针缝缝合返口

③用锥子或其他的工具，挑出针脚处
的毛绒，整理形状

邮差包　P.33

成品尺寸
开口宽 25cm、高 14cm、侧片宽 10cm

材料
- 做旧亚麻布 110cm×90cm
- 5cm 宽的背带扣 1 颗
- 5cm 宽的口形环 1 个
- 1.5cm 宽的 D 形环 1 个
- 黏合衬 110cm×40cm
- 直径 1.5cm 的磁石按扣 1 组

实物大纸型 B 面【12】
1– 包盖

适合的面料
中厚亚麻布、中厚棉麻布、
薄帆布、帆布

裁剪图

做旧亚麻布

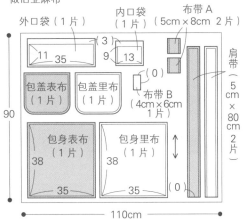

外口袋（1 片）
内口袋（1 片）
布带 A（5cm×8cm 2 片）
肩带（5cm×80cm 2 片）
布带 B（4cm×6cm 1 片）
包盖表布（1 片）
包盖里布（1 片）
包身表布（1 片）
包身里布（1 片）
11　35
9　13
38
38
35　35
90
110cm

*（　）内为缝份，除指定以外缝份均为 1cm
* ▨ 处贴黏合衬

缝制方法顺序图

❶ 参照裁剪图裁剪

❷ 做布带 A、B 和肩带

❸ 缝制包盖

❹ 缝制各个口袋，并缝到包身上

❺ 缝制包身表布和里布，并缝合

❷ 做布带 A、B 和肩带

<布带 A>
① 正面相对对齐后缝合
② 翻到正面，压线固定
③ 穿入口形环，暂时固定
口形环　对折线
0.5　0.5
※肩带参照布带 A 缝制（不穿口形环）

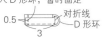

<布带 B>
① 背面相对折三折后缝合
1　0.2　布带 B（正面）
② 穿入 D 形环，暂时固定
0.5　对折线　D 形环
3

❸ 缝制包盖

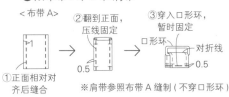

包盖里布（正面）
① 在包盖里布缝上磁石按扣孔
5（凸）
② 包盖表布和里布正面相对，对齐后缝合
包盖里布（正面）
向内偏 0.1cm
包盖表布（背面）
牙口
③ 翻到正面，压缝明线
包盖里布（正面）⊙　0.5

❹ 缝制各个口袋，并缝到包身上

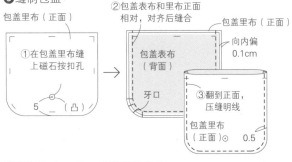

5　布带 B　4
0.3
内口袋（正面）
① 在包身里布上，缝上内口袋和布带 B
包身里布（正面）
② 将外口袋布底部的缝份折边缝合，两侧暂时固定
3
0.5　外口袋（正面）
0.1　0.5
③ 缝上磁石按扣（凹）
11.5　包身表布（正面）
※内口袋的缝制方法参照 P.49–❽（不贴黏合衬）

❺ 缝制包身表布和里布，并缝合

① 将包身表布正面相对，对齐后缝合侧缝
1
包身表布（背面）
10
对折线
② 缝制抓底，缝份倒向底部
※包身里布也用同样的方法缝制

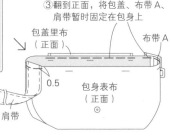

③ 翻到正面，将包盖、布带 A、肩带暂时固定在包身上
包盖里布（正面）
布带 A
0.5
包身表布（正面）
肩带

④ 将包身表布与里布正面相对，对齐后留出返口，缝合包的开口处
包身表布（背面）
15cm 返口
包身里布（背面）
倒向上侧
⑤ 翻到正面，包口压线固定

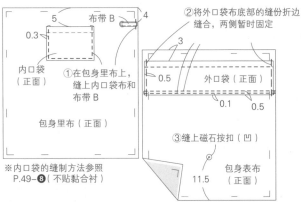

⑥ 背肩穿过背带扣→布带 A 的口形环→背带扣，缝合
包盖里布（正面）⊙　4
肩带
包身里布（正面）
1
0.5　0.1　包身表布（正面）

围脖 P.31

成品尺寸
宽 19cm，1 圈长 158cm

材料
· 针织面料 160cm × 50cm

适合的面料
提花针织布、平针织布、羊毛针
织布、罗纹布

裁剪图

针织面料

80
50 对折线
主体（1 片） 40
160cm
※裁剪

缝制方法

❶ 缝合长边

正面相对，对折后缝合
主体（背面）
对折线
1

主体
（正面）

❸ 翻到正面，缝合返口

❷ 缝合短边

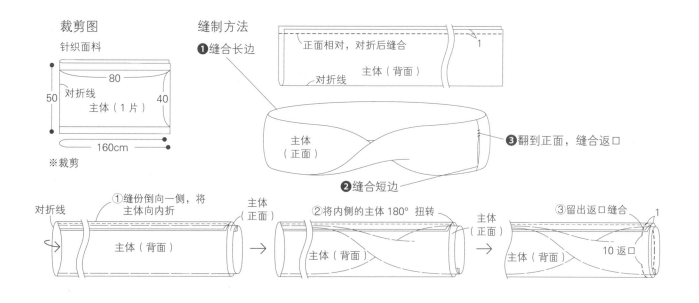

① 缝份倒向一侧，将主体向内折
对折线
主体（背面）
主体（正面）

→

② 将内侧的主体 180° 扭转
主体（背面）
主体（正面）

→

③ 留出返口缝合
主体（背面）
10 返口
1

毛领 P.33

成品尺寸（M/L）
颈围 36.5/39cm

材料
· 长毛绒布 60cm × 20cm
· 印花布 60cm × 20cm
· 黏合衬 60cm × 20cm
· 钩扣 1 组（也可以使用丝带，打个蝴蝶结也很好看）

实物大纸型 B 面【11】
1– 主体

适合表布的面料
长毛绒布、人工毛皮、羊羔绒布

裁剪图

表布 / 长毛绒布
里布 / 印花布

20
表、里主体（各 1 片） 表布 里布
60cm

＊缝份为 1cm
＊只在里布贴上黏合衬
＊在长毛绒布的背面做记号，看着
背面用剪刀把长毛绒布豁开，注
意不要剪断毛绒
＊长毛绒布的缝制方法参照 P.77–❷

缝制方法

❶ 参照裁剪图裁剪

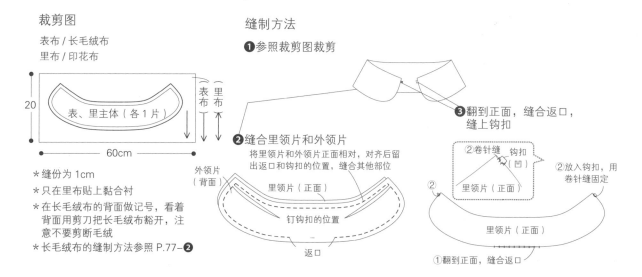

❷ 缝合里领片和外领片
将里领片和外领片正面相对，对齐后留
出返口和钩扣的位置，缝合其他部位

外领片
（背面）

里领片（正面）

钉钩扣的位置

返口

❸ 翻到正面，缝合返口，
缝上钩扣

②卷针缝 钩扣
（凹）
里领片（正面）
②

②放入钩扣，用
卷针缝固定

里领片（正面）

① 翻到正面，缝合返口

美浓羽真由美

以给身形瘦削的大女儿做合身衣服为契机，我开始专职于服装制作。2008年开始在网络或宣传册上销售。服装款式以"难忘的美衣"为主题，从样板到缝制都是原创手工制作。这些不遮掩孩子的天真气质的，朴素、简洁的女童服装很受欢迎。伴随着2012年3月大儿子的出生，我计划今后也做男童装。另外，记述京都商铺生活和育儿经历的博客也深受大家喜爱。

网店 http://www.fu-ko-handmade.com

博客 http://www.fukohm.exblog.jp

TSUKUTTEAGETAI ONNANOKO NO OYOUFUKU（NV80394）

Copyright © MAYUMI.MINOWA2014 © NIHON VOGUE-SHA 2014All rights reserved.

Photographers:YUKARI SHIRAI.KANA WATANABE.

Original Japanese edition published in Japan by NIHON VOGUE CO.,LTD.,

Simplified Chinese translation rights arranged with BEIJING BAOKU INTERNATIONAL

CULTURAL DEVELOPMENT Co.,Ltd.

版权所有，翻印必究

著作权合同登记号：16-2014-162

图书在版编目（CIP）数据

巧手妈妈爱机缝.女孩子的四季舒适衣 /（日）美浓羽真由美著；杨燕译.—郑州：河南科学技术出版社，2016.7

ISBN 978-7-5349-8239-2

Ⅰ.①巧… Ⅱ.①美… ②杨… Ⅲ.①女服-服装缝制 Ⅳ.①TS941.717

中国版本图书馆CIP数据核字(2016)第151388号

出版发行：河南科学技术出版社

　　　　　地址：郑州市经五路66号　　邮编：450002

　　　　　电话：(0371) 65737028　　　65788613

　　　　　网址：www.hnstp.cn

策划编辑：刘　欣

责任编辑：刘　瑞

责任校对：耿宝文

封面设计：张　伟

责任印制：张艳芳

印　　刷：北京盛通印刷股份有限公司

经　　销：全国新华书店

幅面尺寸：213 mm×285 mm　　印张：5　　字数：150千字

版　　次：2016年7月第1版　　2016年7月第1次印刷

定　　价：46.00元

如发现印、装质量问题，影响阅读，请与出版社联系并调换。